高温高压气井
管柱力学有限元分析

杨向同　沈新普　刘洪涛　著

U0263562

科学出版社

北京

内 容 简 介

本书首先介绍管柱力学的有限元法基本理论和模拟技术，之后结合高温高压超深气井的特点，给出了相应的管柱力学有限元求解技术与计算流程。书中介绍了高温高压超深气井的载荷特性及其力学模型边界条件的确定方法。结合管柱及封隔器的坐封过程、储层改造施工过程等工程实际，介绍了力学模型的细节及相应简化的合理性。结合塔里木油田的工程实例，介绍了使用三维管柱力学有限元理论与技术进行管柱非弹性行为建模与分析过程中的难题及解决方法。模拟的行为包括管柱的弹塑性屈曲变形、断裂失效，以及封隔器芯轴断裂破坏的现象。根据需要，简单介绍了管柱力学分析过程中用到的有限元子模型技术。

本书可供石油工程类专业及工程力学类专业的技术人员参考，也可以作为相关院校师生的参考书。

图书在版编目（CIP）数据

高温高压气井管柱力学有限元分析/杨向同，沈新普，刘洪涛著. —北京：科学出版社，2021.5
　　ISBN 978-7-03-067381-7

　　I. ①高… II. ①杨… ②沈… ③刘… III. ①气井-管道工程-工程力学-研究　IV. ①TE37

中国版本图书馆 CIP 数据核字（2020）第 268755 号

责任编辑：赵敬伟　郭学雯／责任校对：彭珍珍
责任印制：吴兆东／封面设计：无极书装

科学出版社 出版
北京东黄城根北街 16 号
邮政编码：100717
http://www.sciencep.com

北京虎彩文化传播有限公司 印刷
科学出版社发行　各地新华书店经销
*
2021 年 5 月第 一 版　　开本：720×1000 1/16
2021 年 5 月第一次印刷　　印张：9
字数：181 000
定价：128.00 元
（如有印装质量问题，我社负责调换）

前　言

塔里木油田油气井具有超深、超高压、高温、地层致密需要压裂及地质构造复杂等特点。随着开采深度的增加，工程中遇到了以往的分析方法很难解决的若干问题。鉴于此，2017 年以来，我们使用三维有限元数值求解方法，通过建立油管–套管 (简称油套) 管柱与多封隔器管柱系统力学模型，分析计算其在典型工况下的变形、应力分布及安全系数，以此为基础来优化管柱设计、压裂施工参数和生产控制参数，成功地为塔里木油田安全生产提供了技术支持。本书为相关项目成果的总结及提炼。

有限元分析利用数学近似的方法对真实物理系统 (几何、材料载荷工况) 进行模拟。利用简单而又相互作用的元素 (即单元)，就可以用有限数量的未知量去逼近无限未知量的真实系统。有限元方法不仅计算精度高，而且能适应各种复杂形状，因而成为行之有效的工程分析手段。油管管柱的三维有限元力学分析具有下述优点：

(1) 模拟不规则井轨迹。钻井质量差造成的井轨迹偏离很难在解析法的模型中来准确模拟，但是在有限元模拟中可以很容易地根据钻井记录把这个不规则偏离引入到模型中。

(2) 准确计算油管–套管间摩擦接触力，这是解析法无法做到的，有限元法则可以比较容易做到。

(3) 复杂载荷、非线性接触，解析法处理不了，有限元法可以。

(4) 模拟多种载荷。包括重力载荷、浮力载荷、压力载荷、环空压差载荷，以及支反力载荷等。

(5) 对于管柱屈曲变形计算不需要特别处理。

(6) 芯轴局部载荷。芯轴局部载荷由于穿压孔等局部构造的影响，只能采用数值求解。

(7) 网格离散。管柱的有限元模型采用特殊设计的管单元来对管柱进行离散、模拟，高效、准确。此外，还采用 ITT (管–管相互作用) 接触单元模拟油管–套管间的摩擦接触，结果精确，计算效率非常高。

采用有限元法进行管柱的三维力学数值分析是近年来的一个研究热点。它可以模拟施工过程，以及与施工过程相关的变形过程，从而得到与过程相关的局部应力变化，从而为工程设计及施工提供准确的理论指导和技术支持。

　　本书提供了大量的第一手工程设计资料和计算模型实例，能够为各位同行读者进行类似的设计分析提供翔实的参考实例。

　　我们希望通过本书内容为读者的职业发展提供一个向上的台阶。

　　本书的第 1 章黄锟、刘举参与编写；第 2 章秦世勇、刘军严、刘爽参与编写；第 3 章单锋参与编写；第 4 章张伟、黎丽丽、耿海龙参与编写；第 5 章王艳、王克林参与编写；第 6 章蒋天洪、彭鹏参与编写。

　　由于作者水平有限，书中不妥之处在所难免，恳请同行和读者批评指正！

杨向同　　沈新普　　刘洪涛

2020 年 11 月 16 日

目　　录

第 1 章　概　　述

本书目标是针对塔里木油田目前工程存在的严重影响生产的与管柱及封隔器相关的若干典型的材料强度与结构刚度等问题，进行三维结构变形与应力分布弹塑性研究，得到相关问题的三维有限元数值解。以此为基础，提出管柱系统的改进和完善措施，为节约成本且安全、高效的生产提供先进、可靠的技术保障。

鉴于以前常用的相关工程计算工具主要是以解析解为基础进行分析计算的软件，这些解析解的理论基本上都是 20 世纪 90 年代的成果。其模型基础都是对实际工程对象进行了大幅简化的模型。这些模型的背景主要是当时的计算条件还不够发达，满足不了更详细模型计算的要求。

目前的计算技术与 20 年前相比进步巨大，客观上提供了使用更详细、更接近实际的模型进行计算分析的可能。为了得到与实际工程更接近的模型和解决方案，需要在模型中考虑比以前的模型更多的细节，包括结构细节和载荷细节。这样，有必要采用三维有限元方法求得管柱及封隔器等设施的结构力学行为的三维数值解。

本书的研究手段和求解工具将以三维有限元数值计算软件 ABAQUS 为主要工具，对课题涉及的相关研究对象建立具体结构的详细三维有限元模型。以此为基础，结合实际工程中的各种力载荷、流体压力载荷和热载荷，进行各种工况下结构的力学行为的详细的弹塑性和破坏失效分析，给出变形、应力、塑性变形等各种相关的力学量和分析评价结果。

理论上，由于管柱长度尺度远远大于管柱截面尺度，以往按传统方法建立的三维数值解要么需要大量的网格才能满足精度要求，要么模型过于简单而与实际差别较大，达不到基本的精度要求。长期以来，基于解析解的管柱力学分析在工程中占主导地位。近年来，随着计算技术的发展，管柱力学的三维数值解大约在 10 年前开始得到工业界的重视，目前已经有了越来越多的应用。

根据对塔里木油田目前工程中存在问题的了解，结合实际需要，本书的主要研究内容有 6 个。

(1) 管柱全长的三维力学分析。包括管柱在重力载荷、压力载荷和热载荷各种工作载荷下各处的变形、弯矩、应力分布，以及在此基础上的屈曲分析、塑性变形分析和可能的破坏失效分析。

模型中将考虑下述载荷因素：① 管柱和套管之间的接触和摩擦力；② 管柱所

受的浮力；③ 液体压力载荷；④ 热载荷；⑤ 其他可能的载荷，比如异常环空压力等。这一部分研究工作所提供的主要数值解包括：① 各种载荷工况下的变形、弯矩、应力沿管柱全长的分布，包括云图和 Excel 文件；② 结合材料强度参数和上述力学量的数值得到的管柱塑性、屈曲等力学状态的评价结论。

(2) 封隔器的破坏形式和承载能力分析。包括封隔器在重力载荷、压裂泵注压力载荷和热载荷各种工作载荷下封隔器各处的变形、应力分布、塑性变形等力学量的数值，以及在此基础上的封隔器可能的破坏失效分析。

这个部分的研究模型中，封隔器底部管柱可以简化为固支端约束。但来自上部管柱的载荷从管柱分析的结果中获得之后将施加在封隔器上，而不是简化为固支端。这样得到的模型考虑了管柱螺旋屈曲和正弦屈曲，以及不屈曲等各种工况对管柱底部封隔器受力的影响。因此，理论上这个模型更接近实际，得到的解在数值上也更准确。

结合工程实际现象，封隔器三维破坏失效数值分析的重点是心轴的断裂。

这个部分的研究内容是上一部分的延续扩展，是在前面成果的基础上进行的。这一部分研究工作所提供的主要数值解包括：① 各种载荷工况下封隔器的变形、弯矩、应力分布，包括云图和 Excel 文件；② 结合材料强度参数和上述力学量的数值，得到的封隔器塑性变形等力学状态的评价结论。

(3) 多封隔器管柱系统的封隔器破坏形式和承载能力分析。包括封隔器在重力载荷、压裂泵注压力载荷和热载荷各种工作载荷下封隔器各处的变形、应力分布、塑性变形等力学量的数值，以及在此基础上的各个封隔器可能的破坏失效分析。

这一部分研究工作所提供的主要数值解成果包括：① 各种载荷工况下各个封隔器的变形、弯矩、应力分布，包括云图和 Excel 曲线等形式；② 结合材料强度参数和上述力学量的数值，得到的各个封隔器塑性变形等力学状态的评价结论。

(4) 射孔孔周部位的应力分析。包括射孔段管柱的变形与应力分析，以及使用子模型技术得到的射孔孔周部位应力集中区的应力分析。

这个内容是在前面内容 (1) 的三维管柱力学数值解的基础上进行的。管柱在各种载荷下的整体变形行为数值结果是进行本部分内容分析的基础和模型输入数据。

这个部分将给出管柱在压裂泵注压力载荷等作用下射孔孔周部位应力集中的数值解。这个应力数值解能够用于解决应力腐蚀的问题。

所谓的应力腐蚀是指：工程结构中的材料腐蚀发生在应力集中部位，应力越大、腐蚀程度越严重。如果材料点上发生塑性变形，则腐蚀会很严重。

根据射孔段孔周部位应力集中的数值解，如果应力指数接近塑性屈服极限，则采用高强度钢级材料制成的油管，这样能够减轻应力腐蚀程度；如果应力指数明显小于材料屈服极限，则建议采用较低强度的 Cr 钢材料制成的管柱，这样既能节约成本，又能提高结构的抗腐蚀能力。

(5) 单封隔器完井管柱的管柱力学分析有限元及封隔器完整性校核。这个部分将在前述管柱力学分析计算的基础上，进一步对封隔器的完整性进行评价。具体的方法是利用管柱力学的数值解作为封隔器上下轴向力的载荷条件，使用常规的封隔器完整性信封包络曲线，检验校核封隔器的完整性。

(6) 双封隔器完井管柱的管柱力学分析及封隔器完整性校核。这个部分对含有两个封隔器的管柱系统进行管柱力学分析。在此基础上，对封隔器的完整性进行校核。因为引入了两个不同型号的封隔器，技术细节更加复杂。

第 2 章　油管管柱的三维力学分析

2.1　基本概念简介

为了使本书内容易于理解，这里先简单介绍一些油管管柱的三维有限元力学分析基本概念。

2.1.1　什么是有限元法

有限元分析利用数学近似的方法对真实物理系统 (几何和载荷工况) 进行模拟。利用简单而又相互作用的元素 (即单元)，就可以用有限数量的未知量去逼近无限未知量的真实系统。

有限元不仅计算精度高，而且能适应各种复杂形状，因而成为行之有效的工程分析手段。

有限元分析的特点是：模型的网格离散。所有的有限元分析都需要先对分析目标进行模型网格离散，之后才能进行有限元分析计算。由于有限元计算的工作量一般明显大于解析法求解的工作量，一般只有在下述两种情况下才会使用有限元法进行分析：① 结构是复杂几何体；② 结构受复杂载荷作用。

作为例子，图 2.1 给出了封隔器芯轴的有限元模型局部的显示。芯轴的筒状构

图 2.1　封隔器芯轴的有限元模型局部的显示

造本来是一个简单几何体，但是在有穿压孔和台阶之后就成为复杂几何体。这样，芯轴的力学分析必须采用有限元法来进行数值计算。

2.1.2 油管管柱的三维有限元力学分析的优点

结合上述有限元法的特点可以知道油管管柱的三维有限元力学分析具有下述优点。

(1) 模拟不规则井轨迹。钻井质量差造成的井轨迹偏离很难在解析法的模型中来准确模拟。

(2) 准确计算油管–套管间的摩擦接触力。这里包括两方面内容：① 首先是有限元模型可以逐点计算油管–套管之间的接触力和摩擦力。② 在油管变形过程中，油管–套管间的接触状态随时会变化。有限元法可以根据各点的受力情况随时判断一个点的接触状态，精确计算接触力和相应的摩擦力。上述两点是解析法无法做到的。

(3) 复杂载荷、非线性接触，解析法处理不了。

(4) 模拟多种载荷。包括重力载荷、浮力载荷、压力载荷、环空压差载荷，以及支反力载荷等。

(5) 对于管柱屈曲变形计算不需要特别处理。管柱全长的有限元模型在计算管柱屈曲时不需要特别措施，只是按照常规有限元进行位移和应力分析，根据位移的情况即可判断得知是否发生屈曲。而解析法通常需要对屈曲进行特殊的简化处理，才能计算屈曲现象。

(6) 芯轴局部载荷。芯轴局部载荷由于穿压孔等局部构造的影响，只能采用数值求解。

(7) 网格离散。管柱的有限元模型采用特殊设计的管单元来对管柱进行离散、模拟，高效、准确。此外，还采用 ITT 接触单元模拟油管–套管间的摩擦接触，结果精确，计算效率非常高。

图 2.2 中给出了油管–套管模型组装在一起的几何视图。里面的红色管柱为油

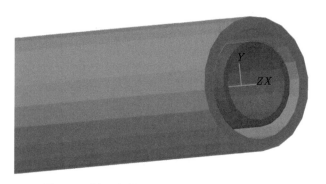

图 2.2 油管–套管模型组装在一起的几何视图

管。外面的蓝色管柱为套管。套管外表面为位移约束边界，其内表面与油管存在可能的接触关系。

图 2.3 为管柱的纵向剖面局部视图。套管的半径为 a，油管的半径为 b，油管–套管间隙标准初始值为 $a - b$。在实际工程中，油管受力后会偏向一侧，从而导致油管–套管的接触与摩擦。

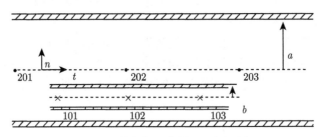

图 2.3 管柱的纵向剖面局部视图

图 2.4 给出了管柱模型中油管截面的应力点分布。油管被视为厚壁筒。横截面上有 24 个应力点。应力点的位置分别在外表面、内表面和厚度中间点上。间隔角为 $45°$。当由有限元分析结果得到管单元某一深度上的节点位移时，有限元数值结果会同时给出 24 个点上的各个应力分量和主应力大小与方向。

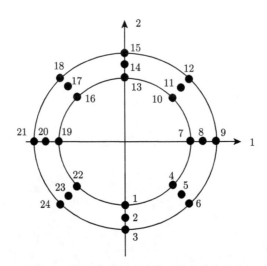

图 2.4 管柱模型中油管截面的应力点分布

下面我们通过书中的实例 MJ4 井来给出三维管柱力学有限元分析数值计算结果的展示。之所以选择 MJ4 井来进行分析展示，不仅是因为这口井在实际工程中发生了塑性变形以及屈曲变形，还因为这口井安装了伸缩管，是比较典型的复杂结构管柱。

2.2 含伸缩管的 MJ4 井完井测试管柱三维力学行为分析

油气井管柱的完整性是保障油气安全生产的基本要素之一。多年来关于管柱力学的研究很多，但大都是简化管柱力学模型的解析解[1-4]。近年来，若干研究者开始采用三维有限元模型进行管柱力学分析[5-8]。管柱力学的三维有限元数值解有很多优点，同时也有一些技术困难：当管柱力学分析中涉及弹塑性接触大变形问题时，不仅计算量大，而且由于问题的非线性程度较高，有时候很难得到收敛的管柱变形及油管–套管间接触应力分布的数值解。

塔里木油田 MJ4 井完井测试管柱设计图如图 2.5(a) 所示，全长 6617m，封隔器位置在垂深 6559m。其设计特点有：① 伸缩管能容许最大 6m 自由伸长，伸缩管位于垂深 5127m；② 额定坐封载荷为释放悬重 18t。MJ4 井于 2016 年 12 月 12 日完成坐封–测试–改造–求产各个施工任务，起出测试–改造–求产–完井一体管柱，目视可见有 11 根 3 1/2″×C110×6.45mm×BGT2 油管弯曲 (图 2.5(b))，所在井段为：6271~6555m，跨越长度约为 280m。由于缺乏实时井下管柱变形测量，虽然最后起出的管柱中观测到了塑性变形，但是不能确定塑性变形发生时所在的施工阶段，因此也就不能确定引起塑性变形的载荷因素。

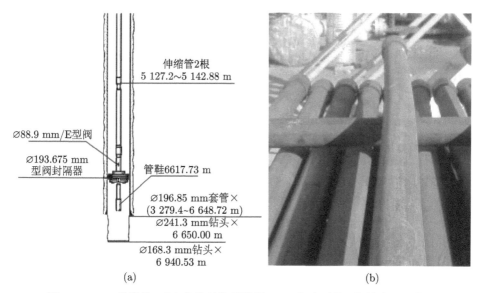

(a)   (b)

图 2.5 MJ4 井管柱：(a) 管柱结构设计图，(b) 取出后发现塑性变形的管柱

另外，起出封隔器情况为：封隔器水力锚 6 片压块螺钉帽断裂，导致压条全部落井，如图 2.6 所示。压条的参数为：长 213mm，宽 22mm，厚 5.46mm，压块材质为 2CrMo。根据施工记录资料，锚爪部分齿上有咬过的痕迹，但未出现大面积的崩落，且酸压改造期间油管–套管未连通。

图 2.6　封隔器水力锚 6 片压块螺钉帽断裂，导致压条全部落井

本书的任务是通过建立的管柱三维有限元模型，计算油管柱在前述各种施工载荷工况下的变形和应力分布，分析清楚油管柱发生塑性变形的影响因素及其发生的施工阶段。

针对上述现象和任务特点，本书建立了可以模拟上述各种载荷下的油管–套管管柱的摩擦滑动接触，以及管柱系统弹塑性变形的三维有限元管柱模型，对各个施工阶段中的压力及温度载荷下管柱的变形及应力分布进行了数值计算。

本次计算是在重力载荷、油管–套管压力载荷、伸缩管处的附加载荷的基础上，考虑了封隔器环空上下压差在封隔器上产生的载荷对管柱的附加载荷作用。在计算分析时，考虑了水力锚和油管–套管表面咬合好以及咬合不好两种情况。采用了不同的附加载荷分配比例来计算压差附加的大小。模型中使用二次管单元 PIPE32h 模拟全长接近 6617m 的整体管柱系统在各种工作载荷下的变形及应力分布，使用 ITT 接触单元 [9] 模拟油管–套管间的摩擦滑动接触。

2.2.1 节介绍井轨迹和油管柱模型几何参数；2.2.2 节介绍三维管柱有限元模型及不同施工阶段的载荷参数；2.2.3 节介绍不考虑伸缩管时全长管柱在各个施工阶段载荷下的变形和应力有限元数值计算结果，这个结果被用于 2.2.4 节相关分析内容的参考输入参数；2.2.4 节介绍伸缩管对管柱系统的载荷的影响，以及伸缩管张开–闭合状态的判断；2.2.5 节介绍伸缩管以下管柱的变形及应力分析。其中分析了水力锚咬合情况对封隔器附加载荷的影响，还分析了封隔器坐封自锁系统的原理及计算。最后给出了管柱在上述各种载荷共同作用下的变形与应力分布结果。数值结果表明，在给定的工作载荷下，当卡瓦咬合不好时，管柱下部将发生明显的塑性变形。发生塑性变形的管柱根数为 15，与观测结果十分一致。

2.2.1 输入数据

1. 井轨迹的信息

图 2.7(a) 给出了井孔狗腿度的变化曲线; 图 2.7(b) 为闭合距随深度的变化, 图 2.7(c) 中给出了井轨迹方位角/闭合方位角的变化。

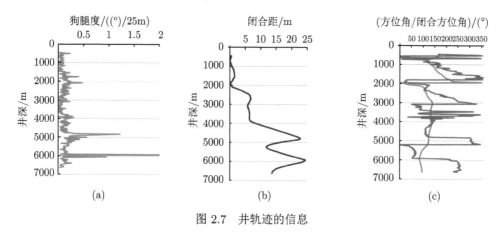

图 2.7 井轨迹的信息

2. 油管柱的几何尺寸、油管–套管间隙

表 2.1 给出了油管柱的几何尺寸、油管–套管间隙。

表 2.1 油管柱的几何尺寸、油管–套管间隙

套管最内层				油管				间隙/mm
深度/m	外径/mm	壁厚/mm	内径/mm	深度/m	外径/mm	壁厚/mm	内径/mm	
0	206	15.8	174.4	0	88.9	9.52	69.86	42.75
716	206	15.8	174.4	716	88.9	9.52	69.86	42.75
716	206	15.8	174.4	716	88.9	6.45	76	42.75
3100	206	15.8	174.4	3100	88.9	6.45	76	42.75
3100	196.9	12.7	171.5	3100	88.9	6.45	76	41.3
6559	196.9	12.7	171.5	6559	88.9	6.45	76	41.3
6559	196.9	12.7	171.5	6559	73.02	5.51	62	49.24
6648	196.9	12.7	171.5	6617	73.02	5.51	62	49.24

2.2.2 三维管柱有限元模型及各阶段载荷参数

采用本章前面的数据, 建立了管柱三维有限元模型, 并进行了分析。图 2.8 给出了管柱的 6617m 全长示意图。模型采用 3301 个二次管单元 PIPE32H 和 6603 个节点模拟油管。模型考虑了图 2.7 中显示的井轨迹闭合距偏离竖直轴线的现象。

模型自顶端开始至封隔器处设置了 ITT 接触单元。模型下部自封隔器以下，不是分析的重点。为了减轻计算工作量，封隔器以下部分管柱没有设置 ITT 接触单元，仅设置了 PIPE32H 管单元模拟这部分管柱。

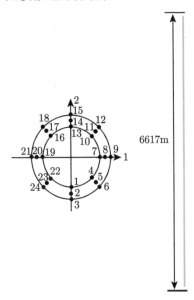

图 2.8　管柱模型示意图

管单元按厚壁筒计算，在截面上的应力点共有 24 个。后面小节的应力点是在这 24 个点中选出的。材料参数如表 2.2 所列，包括管柱材料的弹性性能、强度、热膨胀系数和密度。坐封前的压力载荷参数如表 2.3 所列，试油时的压力载荷参数如表 2.4 所列。

表 2.2　管柱材料参数表

弹性性能		屈服强度	抗拉强度	热膨胀系数	密度/(kg/m³)
杨氏模量	泊松比	最小值	最小值		
31290psi(215700MPa)	0.3	109000psi(750MPa)	120000psi(828MPa)	$1.15×10^{-5}$	7850

表 2.3　坐封前的压力载荷参数

		井口	井底
保护液密度 1.55g/cm³，封隔器 TVD[①]=6559m	套压/MPa	0	99.63
	油压/MPa	0	99.63

图 2.9 给出了目标井管柱的温度分布参数。在有限元模型中采用了图中的虚线折线近似离散分布的温度曲线。

---

① TVD: 所在位置垂深。

表 2.4 试油时的管柱内外压力载荷

		井口	井底
试油求产时	套压/MPa	2	101.63
	油压/MPa	1	73.63
试油求产时环空保护液密度 1.55g/cm³	静水压/MPa	0	99.63

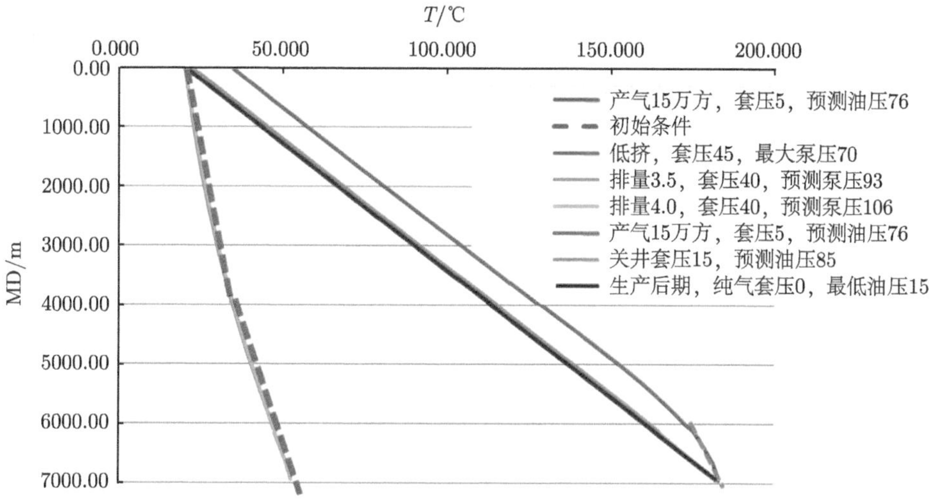

图 2.9 不同工况下管柱温度分布

2.2.3 全长管柱变形及应力有限元数值计算结果

1. 坐封前管柱变形分析数值解

在下管柱和坐封阶段，由于伸缩管的压实收缩主要影响管柱的伸长量，而且这个伸长是重力引起的自由压缩，因此这里先不考虑伸缩管引起的管柱变形，只考虑重力和内外压力作用下的管柱变形。图 2.10 给出了本阶段的管柱变形沿全长的分布。

2. 坐封前管柱横截面上的各点应力分析

在下管柱阶段，管柱的受力为重力、内压、外压以及底部的液体压力即浮力。如图 2.11 所示为模型输出应力时选用的厚壁圆管的截面上的点沿圆周的分布及编号。第 1 至 26 号点为套管上的点。这里的点是油管柱上截面的点，编号从 27 到 39(无 34)。图 2.11 给出了管柱横截面上第 27 至 39 之间共 12 个点上的轴向应力 S_{11} 值沿全长的分布。由图中可以看出，同一深度的横截面 12 个应力点上的轴向应力 S_{11} 值很接近。局部有应力振荡。中和点的位置在垂深 5294m 的位置上。

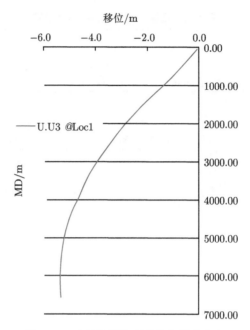

图 2.10   坐封前管柱变形沿全长的分布

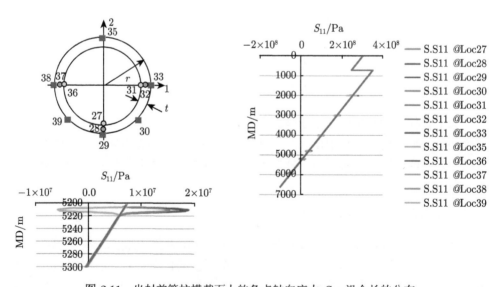

图 2.11   坐封前管柱横截面上的各点轴向应力 S_{11} 沿全长的分布

图 2.12 给出了管柱横截面上第 27 至第 39 之间共 12 个点 (忽略编号 34) 上的 S_{Mises} 值沿全长的分布。从图 2.12 中看出，除了少部分局部有弯曲的截面点，同一深度的横截面 12 个点上的 S_{Mises} 值很接近。

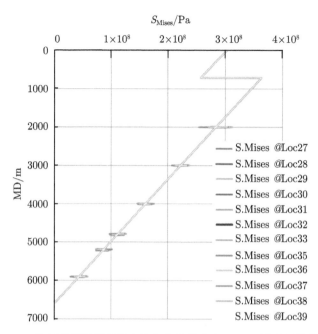

图 2.12 坐封前管柱横截面上的各点等效应力 S_{Mises} 沿全长的分布

3. 坐封后管柱变形分析数值解: 坐封载荷 18t

封隔器坐封需要井口释放 18t 的悬重。图 2.13 显示了在这个阶段的管柱轴向变形分布曲线以及屈曲的底部管柱横向变形情况。

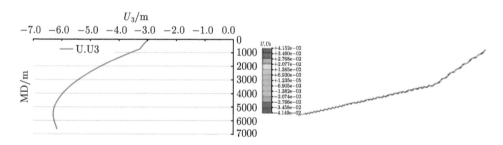

图 2.13 坐封载荷 18t,管柱轴向变形分布曲线以及屈曲的底部管柱横向变形情况

4. 坐封后管柱横截面上的各点应力分析

图 2.14 给出了管柱横截面上 12 个应力点上的 S_{11} 值沿全长的分布。从图中看出,同一深度截面上各点的拉压应力状态差别较大。这个时候,由于局部弯曲的影响,管柱中没有传统意义上的中和点。一侧受拉、另一侧受压的管柱长度分布达到 2800m。最大压应力值超过 500MPa。

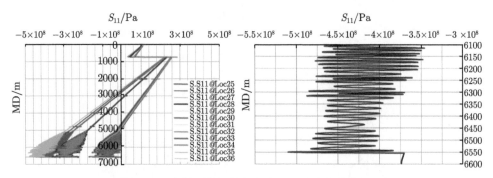

图 2.14   坐封后管柱轴向应力 S_{11} 分布的数值解

图 2.15 给出了管柱横截面上 12 个应力点上的 S_{Mises} 值沿全长的分布。S_{Mises} 沿管柱的分布呈现明显的振荡现象。最大值为 410MPa。同一深度截面上各点的 S_{Mises} 应力值差别较大。

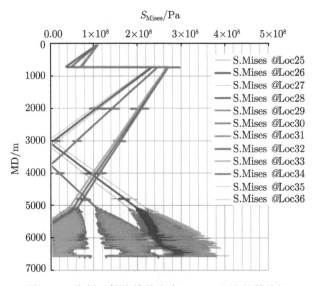

图 2.15   坐封后管柱等效应力 S_{Mises} 分布的数值解

2.2.4   MJ4 井管柱的伸缩管分析

1. MJ4 井伸缩管的张开与闭合判断准则分析

如图 2.16 所示，活塞式伸缩管可以相对运动的上下两部分分别与管柱相连接。当管柱上部固定、下部自由时，伸缩管在内压的作用下往下运动；当管柱上部固定、下部也由封隔器固定时，伸缩管在内压的作用下，其上下部分各自往外分离运动，即下部往下、上部往上运动。

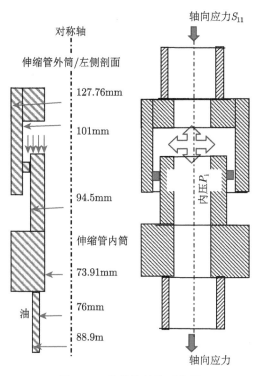

图 2.16　伸缩管结构示意图

伸缩管的用途与功能是通过受到拉力时的伸缩管活塞内外筒相对滑动产生的伸长来消除与降低管柱内的拉应力的。完井测试管柱中的伸缩管的张开伸长可以在两种情况下发生。

首先，当温度较低的压裂液进入管柱内时，两端固定的油管柱整体遇冷收缩，引起管柱内部的拉应力增加。处于拉伸应力管柱段上的伸缩管的伸长能够及时减少冷缩引起的管柱拉应力的增加。

其次，对于处于压缩应力管柱段上的伸缩管，它的伸长状态取决于进入伸缩管间隙处的液体压力 P_i 和此处的名义管柱轴向压应力的绝对值 S_{11} 的相互关系：

当 $S_{11} > P_i$ 时，伸缩管闭合；当 $S_{11} < P_i$ 时，伸缩管张开

当伸缩管闭合时，管柱的力学行为不受伸缩管影响。当伸缩管张开时，在伸缩管位置上以 P_i 为面力边界条件，管柱在伸缩管上下两部分的管段需要各自独立计算它们的力学行为。

由于油管外压和内压的差别，作用在密封环上的力有内外压差以及相应的支反力。由于密封环固定在内筒上，它承受的压力将传给内筒承担。

对于内筒/下筒，其承受内压 P_i 的净面积 A_i 为外径 94.5mm、内径 76mm 的环形面积，$A_i \approx 0.002477\text{m}^2$，受力方向往下。内筒承受外压 P_o 的净面积 A_o 为外径 94.5mm、内径 88.9mm 的环形面积，$A_o \approx 0.0008066\text{m}^2$，受力方向往上。密封环的外径为 101mm、内径为 94.5mm，承受 P_i 和 P_o，承压面积为 A_3，$A_3 \approx 0.000998\text{m}^2$，由于内压大于外压，受力方向往下。内筒在上述局部力的作用下保持平衡。从而得到伸缩管内筒顶面的分布面力/应力大小计算结果：

$$S_{内筒} = F_{内筒}/A = P_i \times (A_i + A_3)/A - P_o \times (A_3 + A_o)/A = 2.08 \times P_i - 1.08 \times P_o$$

外筒承受内压 P_i 的净面积 A_i 为外直径 101mm、内直径 76mm 的环形面积，$A_i = 0.003475\text{m}^2$，受力方向往上。它承受外压 P_o 的净面积 A_o 为外径 101mm、内径 88.9mm 的环形面积，$A_o = 0.001805\text{m}^2$，受力方向往下。密封环的承压与它无关。外筒的受力计算公式为

$$F_{外筒} = A_i \times P_i - A_o \times P_o$$

为了简化计算，需要把伸缩管内筒和外筒的受力换算成相应的与管柱系统简化模型项匹配的面力边界条件，即只用管柱的内压、外压两个参数来表达伸缩管处的面力边界条件。

根据以上分析，带有伸缩管的管柱系统的力学行为分析的流程如图 2.17

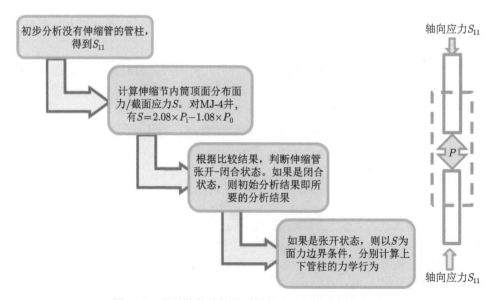

图 2.17 带伸缩管的管柱系统的力学行为分析流程图

所示。其要点为：首先按伸缩管压缩状态进行全长管柱力学分析，然后根据所得的管柱轴向应力数值结果，结合上述理论，判断伸缩管的张开–闭合状态。之后，对伸缩管进入张开状态的管柱，建立伸缩管以下管柱的力学模型，进行单独的管柱力学分析。

2. 管柱的内压 P_i、套压 P_o 及在伸缩管处的管柱应力 S_{11}、等效面力 S

坐封及坐封前的液体压力载荷参数如表 2.5 所列，压裂时的液体压力载荷参数如表 2.6 所示，试油时的液体压力载荷参数列于表 2.7 中。

表 2.8 中的 S_{11} 为根据图 2.8 的全长管柱模型、图 2.9 的温度曲线及表 2.3 和表 2.4 的压力载荷计算得到的管柱轴向应力在伸缩管位置上的数值解。

表 2.8 中的 S 为根据上述原理计算得到的伸缩管内外筒上下分离的缝隙处液体产生的等效面力。

表 2.5 坐封及坐封前的液体压力载荷参数

	井口压力	井底压力	伸缩管处 S_{11}	S/MPa
P_o 套/MPa	0.00	99.63	77.50	77.50
P_i 油/MPa	0.00	99.63	77.50	

表 2.6 压裂时的液体压力载荷参数

	井口压力	井底压力	伸缩管处 S_{11}	S/MPa
P_o 套/MPa	42.00	107.56	93.00	182.21
P_i 油/MPa	112.00	142.71	135.89	

表 2.7 试油时的液体压力载荷参数

	井口压力	井底压力	伸缩管处 S_{11}	S/MPa
P_o 套/MPa	2.00	101.63	79.48	33.76
P_i 油/MPa	1.00	73.63	57.50	

表 2.8 伸缩管的开闭状态判断

伸缩管的开闭状态判断 (S_{11} 为管柱截面平均值)			
	坐封前	坐封 18t	压裂时	试油时
S_{11}/MPa	12.39	116.65	153.78	128.28
S/MPa	77.50	77.50	182.21	33.76
状态	$S > S_{11}$，张开	$S < S_{11}$，闭合	$S > S_{11}$，张开	$S < S_{11}$，闭合

根据表 2.8 的最底一行的判断结论，由管柱轴向应力数值计算结果 S_{11} 与等效面力 S 的比较得知：伸缩管处于张开状态的阶段有两个，一个是坐封前阶段，另一个是压裂阶段，其他阶段皆为闭合。具体的分析如下。

(1) 坐封前阶段管柱下端自由, 在重力和管内液体压力作用下伸缩管自由伸长张开。坐封之后, 这个张开位移会被全部压实。坐封前这个阶段的张开位移对后续的轴向应力大小没有影响。

(2) 压裂阶段的伸缩管张开是在坐封之后。由于管柱内外压力在伸缩管间隙处形成的等效压力 $S = 182\text{MPa}$, 明显大于原来的坐封载荷引起的轴向力 153MPa。因此, 这个阶段的伸缩管张开过程在封隔器上对应的是 "加载" 过程。

(3) 压裂阶段的管柱形成了被伸缩管分开的上下两个部分。两个部分在伸缩管处有一样的面力边界条件, 但是有不一样的位移边界。

(a) 伸缩管上部的管柱为井口固定位移边界、下部受面力/压力 S 以及整体受重力和内外压力的管柱, 受套管的接触约束。

(b) 下部的管柱为底部封隔器固定位移边界、顶部受面力/压力 S, 以及整体受重力和内外压力的管柱, 受套管的接触约束。

(c) 计算模型为在坐封 18t 基础上的进一步模拟。分别计算上部管柱和下部管柱。由于塑性变形只出现在伸缩管以下管柱上, 这里只分析下部的管柱。

管柱截面积 $A = 0.001671\text{m}^2$。结合压裂液等效压力 182MPa, 伸缩管张开处的等效截面载荷为 304kN (约为 30t)。

Mitchell 在 2011 年发表了一篇对试验结果进行分析的文章[10]。文献 [10] 中的 Ullrigg-U2 是一口垂深 2020m 的试验研究直井。他对这口井的钻柱的屈曲现象进行了分析研究。Mitchell 根据试验结果提出了几点发现。

(1) 试验结果表明, 钻柱屈曲主要是侧向屈曲, 很少螺旋屈曲。Mitchell 的理解是: 这是因为接箍造成的。由于接箍较粗, 刚度很大, 不会形成螺旋屈曲, 所以整个管柱/钻柱系统的屈曲以侧向屈曲的形式出现, 而不是简化模型的螺旋屈曲。

(2) 侧向接触力很大, 明显大于已有模型解析解的结果。Mitchell 的理解是: 常用的解析模型有误。这个结果需要结合侧向屈曲模型才有可能得到。Mitchell[10] 说明了实际测得的接触力符合他新提出的接触力计算理论, 即接触力可以达到重力分量的 4 倍。Mitchell[10] 强调了侧向屈曲的重要性, 指出简化的理论模型忽略接箍以及接箍对变形的影响, 得到的屈曲变形为螺旋屈曲。而实际上, 由于接箍的存在, 发生的屈曲绝大多数为侧向屈曲变形, 很少有螺旋屈曲变形。

现在根据 Mitchell[10] 的研究结论, 在计算中改进/简化模型: 限制管柱屈曲行为, 使模型只发生侧向屈曲。这样一来, 这个模型就是考虑了接箍对屈曲的影响而得到的计算结果。

另外, 根据初步的计算, 注入压裂液带来的管柱收缩远远小于 6m 的伸缩管容许伸长, 伸缩管本身的伸长为自由伸长, 伸缩管内不产生拉伸张力。

2.2.5 伸缩管以下管柱的变形与应力分析

1. 不考虑咬合不良效应的管柱变形与受力分析

图 2.18(a) 为伸缩管以下的管柱模型,全长 1490m。其他几何因素和图 2.8 的全长模型相同。图 2.18(b) 为这个管柱段的受力平衡示意图。其中 WB 为考虑浮力后的重力载荷;CF3 为上部传导过来的重力 (伸缩管闭合) 或者是液体压力生成的等效压力载荷 (伸缩管张开);F 代表油管–套管间的摩擦力;RF3 是封隔器处的支反力即封隔器受到的坐封力。管柱段在这些力的作用下处于平衡状态。这里只考虑竖向分量的力平衡,忽略水平方向力分量的平衡分析。由于 MJ4 井是直井,井孔近似竖直,所以这样考虑是合理的。

图 2.18　伸缩管以下的管柱模型及受力平衡示意图

模型中油管–套管之间的摩擦系数取为 0.15 且保持常数。按照前面的分析,在考虑了接箍的影响之后限制屈曲形式仅为侧向屈曲。

模型总共采用了 300 个二次管单元 PIPE32H、601 个节点。采用了 601 个接触单元模拟油管–套管间的接触。

模型材料参数:采用了各向异性的热膨胀系数,仅考虑轴向的热膨胀变形。

图 2.19(a) 为坐封后的 1490m 管柱段上轴向力分布图,每个深度截面上取了 4 个应力点和一个截面平均值的轴向应力进行应力数值结果展示。截面平均值的轴向应力曲线 S_{11} 是光滑的。图 2.19(b) 为下部 500m 管柱段的轴向应力分布局部放大,且在每个深度截面上只选取一个典型应力点的轴向应力显示。

持续增加顶部载荷 CF3 的值,达到压裂压力对应的等效载荷值。这时候管柱各个管段都进入屈曲变形,如图 2.20(a) 所示。图中横向变形被放大 1000 倍显示。后面图 2.20(b)~(d) 三个图都是底部封隔器以上 430m 管柱段在加载过程中不同时刻的屈曲变形的局部放大图。

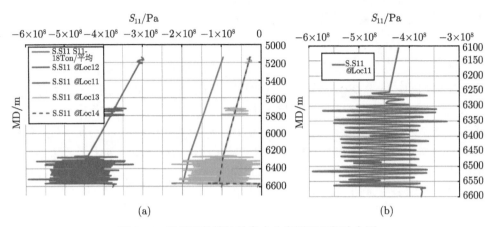

图 2.19　坐封后的管柱轴向力分布图及局部放大图

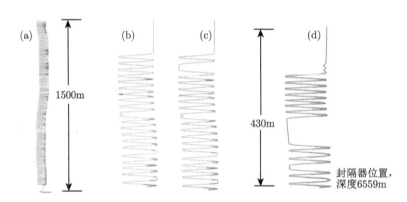

图 2.20　压裂压力及温度载荷的管柱轴向力分布图

油管–套管之间的接触力 S_{11} 和摩擦力 S_{12} 沿下部管柱全长 1490m 的分布如图 2.21(a) 和 (b) 所示。图 2.21 中的变形约束边界为套管的内径。浅色点为油管屈曲之后接触到套管内壁的接触点。从图 2.21 中看出，接触力最大值为 11.68kN；正向摩擦力最大值为 1.751kN，反向摩擦力最大值为 −0.2673kN。

在压裂阶段各载荷的作用下，管柱轴向力 S_{11} 及等效应力 S_{Mises} 的分布如图 2.22 所示。根据 S_{Mises} 的数值结果可以判断：在压裂阶段的管柱处于弹性应力状态。

在试油阶段各载荷作用下，管柱的轴向应力 S_{11} 和等效应力 S_{Mises} 如图 2.23 所示，管柱整体处于压缩状态，全长进入屈曲。虽然 S_{11} 最大值超过屈服极限 750MPa，但是 S_{Mises} 最大值小于 700MPa，明显小于 750MPa 的屈服极限，应力状态为弹性。

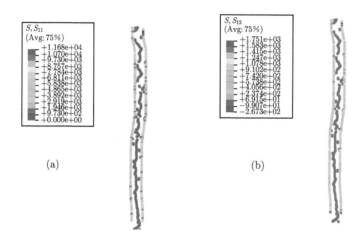

图 2.21 油管-套管之间的接触力沿伸缩管下部管柱的分布

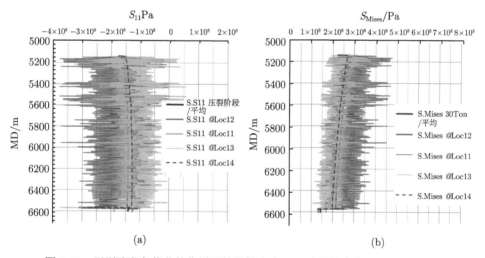

图 2.22 压裂阶段各载荷的作用下管柱轴向力 S_{11} 及等效应力 S_{Mises} 的分布

2. 坐封系统的摩擦自锁

由于油管-套管之间摩擦力 F 的存在,封隔器上受到的坐封力一般小于井口释放的悬重。悬重与封隔器的有效坐封载荷即封隔器受到的来自上部的压力之间的差别就是 F 值。F 值随油管柱变形情况及油管-套管间接触状况的变化而变化,不是常数。尤其当油管柱发生屈曲时,F 的增加明显。

坐封操作过程中,有时候为了保证坐封载荷值满足要求,会适当多释放一些悬重。当释放的悬重引起了管柱的明显屈曲,且进入屈曲状态的管柱段的长度足够大时,这时继续增加的悬重将会被油管-套管间的摩擦力平衡掉,这个现象叫做"坐

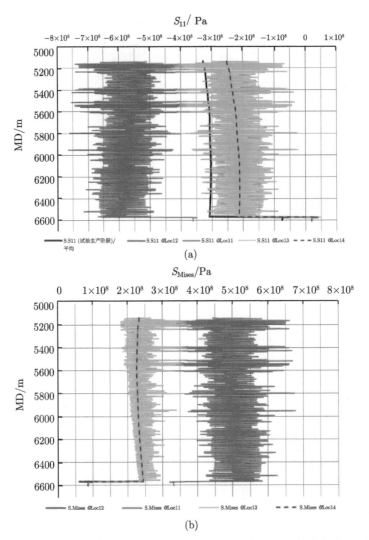

图 2.23　在试油生产阶段各载荷作用下，管柱的轴向应力 S_{11} 和等效应力 S_{Mises} 分布

封系统自锁"。这个 "系统自锁" 不是单个点的摩擦自锁，而且这个自锁是单向的，不影响卸载。

　　随着伸缩管处的等效载荷 CF3 的增加，管柱轴向力增加，从而封隔器处的支反力即封隔器受力 RF3 也随之增加。由于摩擦系数非零，摩擦力 F 与支反力 RF3 的和等于 CF3 和重力与浮力的合力 WB 的和。上述各力在竖直方向的平衡条件为

$$\text{CF3} + \text{WB} = \text{RF3} + F$$

　　图 2.24 给出了数值计算得到的坐封过程中 RF3-CF3 + WB 的变化曲线。为了研究坐封系统自锁现象，令坐封载荷的最大值接近 500kN。图 2.24 中可以看出，RF3-

CF3+WB 的变化是非线性的: 伴随着管柱屈曲变形增加, 对应同样的 CF3 增加, RF3 的增加逐渐减弱, 达到 210kN 之后就不再增加, 即达到了 "坐封系统自锁状态"。

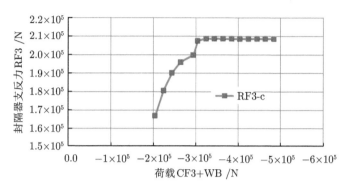

图 2.24　计算得到的坐封过程中 RF3-CF3+WB 的变化曲线

在压裂载荷的作用下, 来自管柱下底的浮力增加, 导致封隔器处的支反力载荷增加。对于 MJ4 井给定的压裂压力, 这个增加幅度是 37.4kN, 如图 2.25(a) 所

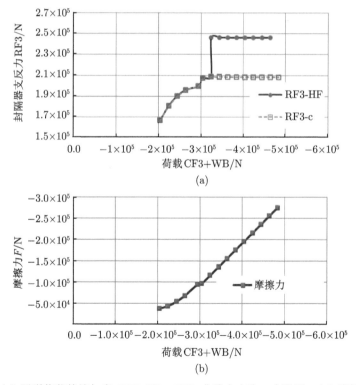

图 2.25　(a) 压裂载荷的施加在 RF3-CF3+WB 曲线上产生一个跳跃; (b) 摩擦力的变化

示。图 2.25(b) 给出了油管–套管之间的摩擦力 F 的变化情况: 随着载荷 CF3 增加, F 一直在增加。

3. 考虑水力锚不良咬合的管柱变形与应力计算

1) 封隔器附加载荷分配计算及板的受力模型

封隔器附加载荷是指封隔器的上下底面压力差产生的对油管柱的载荷。它是根据封隔器环空截面积的大小及其与上下底面压差的乘积计算得来的。对于 MJ4 井, 压裂阶段, 封隔器环空上下底压力相抵, 下底面上多出来的分布压力的数值为 35MPa。

为了计算封隔器附加载荷, 本书对封隔器环空结构采用了简化的有限元建模: 采用板单元模拟环空的封隔器胶筒等零部件 (图 2.26), 计算压裂阶段封隔器在管柱上由于环空压差产生的附加载荷。模型总共采用了 1600 个壳单元、1680 个节点离散模型网格。径向 20 等分、周向 80 等分。模型内边缘采用固支, 外边缘采用简支的边界条件。

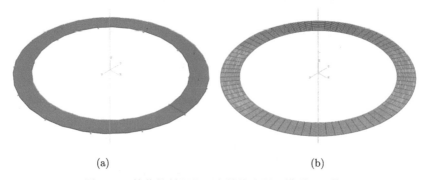

(a)　　　　　　　　　　　　　　(b)

图 2.26　简化的封隔器环空结构有限元模型及网格

图 2.27 给出了边界各点支反力的有限元数值计算结果。其中的曲线 outer-rf2 代表外边沿上 80 个节点各点的支反力; inner-rf2 代表内边沿上 80 个节点各点的支反力。坐标横轴是沿边长的各点距起始参考节点的距离。

根据图 2.27 边界各点支反力的有限元数值计算结果得知, 当板的内外边缘均施加零位移约束时, 支反力主要由外边缘的节点承担: 内边缘承受 40%(RatioPF3=40%), 外边缘承受 60%。

另外, 当外边缘的节点未约束时, 所有载荷均由内边缘的节点承担。

考虑到工程实际情况, 即卡瓦在承载初始有与套管表面的相对滑动, 因此这里设定了两种情况来计算水力锚咬合情况引起的封隔器在管柱上的附加载荷。

情况 1: 水力锚咬合较好, 封隔器在管柱上的载荷由油管、套管各自承担 50%;

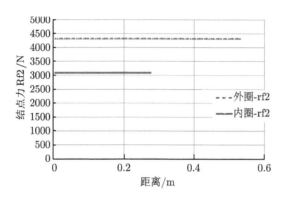

图 2.27 边界各点支反力的有限元数值计算结果

情况 2：水力锚咬合不好，封隔器在管柱上的载荷由油管承担 2/3，由套管承担 1/3。

2) 模型的边界条件

在坐封之前，管柱段顶部有位移约束，下端自由。在坐封之后，施加坐封载荷时，顶部为加载端，没有位移约束。封隔器处为给定位移约束。

在坐封之后，计算伸缩管处的压裂等效载荷时，顶部为加载端，没有位移约束。封隔器处为给定位移约束。计算包括封隔器压差附加载荷的各种载荷下的管柱变形时，顶部为固定端，封隔器处的位移约束转化为力载荷。

3) 载荷条件

模型的载荷：包括重力、内外压力、温度载荷、封隔器环空上下压力差产生的对油管柱的载荷，以及管柱顶部的载荷。重力 WB 和顶部的载荷 CF3 的和即井口释放的悬重的值。压裂时管柱上端位置 TVD 约为 5100m。

压裂时封隔器环空的最大压差为 35MPa，封隔器环空截面积为 $0.016916m^2$。因此，封隔器承受的压差在两侧即套管壁和油管外壁的截面积上产生的支反力的总和为 594482.6N。封隔器环空压差附加载荷分配如下。

(1) 水力锚咬合很好，压差载荷在套管–油管间平均分配，各 50%，这样油管承担的附加载荷为 594482.6/2=297242.3(N)。

(2) 水力锚咬合差，油管承受大部分载荷，占 2/3 比例，则有 400kN 的压差附加载荷。

4) 有限元分析结果

根据封隔器压差载荷分配到管柱的比例，结合前述其他所有载荷，进行有限元计算，得到的塑性变形情况如表 2.9 所列。根据数值结果，当压差载荷作用在管柱上的分量很小时 (如表 2.9 第一行的情况，仅 16.8%)，尽管压差载荷很大，管柱也不会发生塑性变形。当压差载荷作用在管柱上的分量较大时 (如表 2.9 最后一行的情况，占 67.3%，约 2/3)，管柱将发生明显的塑性变形，最大值为 0.149%。

当卡瓦咬合很好时 (RatioPF3≤40%)，管柱下部将发生的塑性变形很小，小于 0.1%，可以忽略。

表 2.9 中各列参数的含义分别为：StepNo.: 有限元计算的增量步数；RF3: 封隔器处总的支反力，包括管柱重力、上部载荷以及压差载荷。ΔPF3：封隔器压差载荷分配到管柱上的值。当卡瓦咬合很好时，分配到管柱的压差载荷相对较少；而当卡瓦与套管表面咬合不好时，分配到管柱的压差载荷相对较多。RatioPF3: 封隔器压差载荷分配到管柱上的值占总压差载荷的百分比；Peeq: 等效塑性应变，用百分比度量表示。

表 2.9   封隔器压差载荷 ΔPF3 与最大塑性变形值 Peeq 数值计算结果

StepNo.	RF3/N	ΔPF3 /N	RatioPF3/%	Peeq/%
35	3.46×10^5	1.00×10^5	16.8	0
36	4.00×10^5	1.54×10^5	25.9	0.027
37	4.50×10^5	2.04×10^5	34.3	0.075
38	5.00×10^5	2.54×10^5	42.8	0.1
39	5.50×10^5	3.04×10^5	51.2	0.103
40	6.00×10^5	3.54×10^5	59.6	0.115
41	6.46×10^5	4.00×10^5	67.3	0.149

图 2.28 给出了塑性应变 Peeq 在管柱上沿深度的分布情况。图中的横向变形放大了 1000 倍。图 2.28(b) 为下部 500m 的局部放大图。

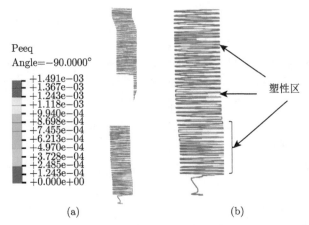

图 2.28   塑性应变沿管柱的分布情况：(a) 为全长 1490m；(b) 为下部 500m 管柱局部

由图 2.28(b) 可以看出：管柱进入塑性的跨越长度为 438m；一个屈曲波的跨越长度为 20~30m，也就是会跨越 2~3 根管柱。根据上述长度参数，结合

图 2.28(b) 的塑性变形分布显示，可以得出结论：发生肉眼可见明显塑性变形的套管根数为 15。这与工程中观测到的现象十分吻合。

图 2.29 给出了与图 2.7 相同载荷情况下的 S_Mises 等效应力。图中显示了由于材料的塑性硬化作用，处于塑性区的管柱中的最大等效应力超过了初始屈服强度。

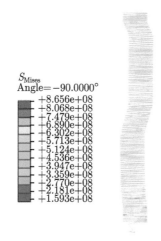

图 2.29 压差载荷作用下管柱的 S_Mises 等效应力分布图 (1490m 长度)

图 2.30 给出了下部 500m 管柱塑性应变随着压差载荷的增加而增加的图形显示。图中的亮色部分为发生塑性变形的管柱部分。自左至右分别为增量步 36~41 的数值计算结果。相应的塑性应变最大值列于表 2.9。

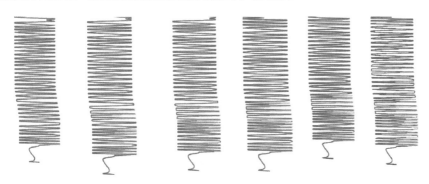

图 2.30 下部 500m 管柱塑性应变随着压差载荷的增加而增加的图形显示

根据上述数值计算与分析结果，可以得出以下结论。

(1) MJ4 井管柱发生塑性变形的阶段是在压裂施工阶段。

(2) 管柱发生塑性变形的载荷为压裂施工阶段的各种载荷的共同作用，包括：

油管柱内压、环空压力、坐封载荷、重力，以及水力锚咬合不良产生的封隔器环空附加压差载荷。如果没有附加压差载荷，管柱不会发生肉眼可见的明显塑性变形。

2.2.6　小结

本书针对塔里木油田高温高压超深的 MJ4 井管柱建立了三维有限元力学模型。结合坐封、压裂和试油三个典型的载荷工况，对管柱的变形和轴向应力分布进行了数值计算。主要成果有以下五个部分。

(1) 分析了具有伸缩管的管柱系统中伸缩管的张开与闭合状态的判断依据，给出了相应的计算原理。结合 MJ4 井管柱，计算了伸缩管的张开–闭合状态。

(2) 计算分析了管柱在各种载荷共同作用下的变形情况，得到的数值结果显示：在管柱下部 438m 范围上的 15 根不连续分布的管柱段发生明显的塑性变形。这与观察到的变形现象相同。这表明本书的模型是合理的、正确的。

(3) 分析计算了水力锚咬合不良产生的封隔器环空附加压差载荷。给出了结合水力锚咬合的不同情况确定这个封隔器环空附加压差载荷的大小的方法，模拟了其对管柱系统变形行为的影响。实践表明，这个压差载荷对管柱的塑性屈曲变形有比较重要的影响。

(4) 简化的管柱模型忽略了接箍刚度对屈曲变形的影响，导致管柱变形的数值计算结果中螺旋屈曲变形程度比实际情况出现的螺旋屈曲变形程度严重得多，从而导致数值计算变形结果失真。为此，本书引入侧向屈曲变形的限制，从而间接考虑了接箍刚度对屈曲变形的影响，得到的屈曲变形数值计算结果与实际情况完全吻合。

(5) 提出了"坐封系统自锁"的概念，并通过数值计算验证了 MJ4 井可能的"坐封系统自锁"现象。

为了在以后的管柱设计与施工中避免管柱段发生塑性变形现象，建议采取下述四项工程措施。

(1) 在现有管柱及施工设计条件下，在压裂改造施工阶段的初始阶段需要缓慢加压，以使压裂压力的增加对封隔器的冲击减小到最低程度，从而保证水力锚的良好咬合。

(2) 优化施工设计，减小油管–套管压差，能更有效地减少压差附加载荷，降低油管柱发生塑性变形的风险。

(3) 优化管柱设计，使用较小截面积的伸缩管，减小伸缩管处的附加载荷数值，也能明显降低管柱塑性变形的风险。

(4) 优化管柱设计，减小油管–套管间隙，能明显降低压差附加载荷，降低油管塑性变形风险。

2.3 塔里木油田 KES2-2-3 井三维管柱应力及疲劳分析

塔里木油田超深高温高压井的管柱力学问题在过去 30 年里受到若干研究者的关注 [11−13]。KES2-2-3 井是一口高温高压超深油气直井。它的储层温度高达 180℃，深度大约 7000m，储层孔隙压力接近 100MPa。在完成一次完井–石油一体化施工后，起出管柱，发现油管柱在第 418 根和第 432 根发生了断裂。具体情况为第 418 根油管 (垂深 4146 m) 工厂端丝扣根部断，第 432 根油管 (垂深 4285.39 m) 工厂端丝扣根部断。观察发现，第 418 根油管接箍完好无损，丝扣/公螺纹在与接箍连接的根部断裂。第 432 根油管丝扣断裂位置与第 418 根油管节类似。断口如图 2.31 所示。观察发现，最初的起始裂纹为疲劳裂纹。

第418根断口　　　　　　　第432根断口

图 2.31　断口照片

油管柱位于井下，通常承受静载荷，发生疲劳裂纹断裂的风险不大。KES2-2-3 井之所以能够发生疲劳裂纹断裂，是因为多方面的原因。主要包括：① 由于钻井质量不够好，实际井轨迹偏离设计轨迹，闭合距的偏离具有一定的振荡特点，从而当其中的油管通过这些位置时会有附加弯曲应力出现，造成局部应力在常规轴向力的基础上出现一定程度的应力振荡。② 施工及生产过程中的温度变化明显，温度升降引起管柱伸长/收缩从而导致管柱反复通过局部应力振荡位置，导致应力的反复变化。③ 油管–套管之间的间隙设计不够合理，使得局部管柱有发生弯曲变形的空间，导致管柱内发生应力振荡。

造成管柱侧向弯曲变形及扭转的载荷有两类，其中一类是施加在管柱轴向的载荷，包括力载荷与热载荷。这个载荷能导致管柱失稳、产生侧向弯曲及扭转，另一类是作用在管柱侧表面上的套管支反力载荷。因为井轨迹有水平延伸即横向位移，造成管柱下入井孔时支反力载荷致使管柱沿井轨迹的横向发生位移。管柱内部及外部的液体压力载荷及重力载荷一般不会直接导致管柱的横向位移。上述两类位移都是管柱弯曲及扭转变形的主要因素。当位移对应的应力足够大时，管柱将进一步发生塑性变形及断裂。关于断裂与疲劳的基本概念和原理描述可见文献 [14]，[15]。

采用有限元法进行管柱的三维力学数值分析是近年来的一个热点研究 [16-19]。它可以模拟施工过程，以及与施工过程相关的变形过程，从而得到与过程相关的局部应力变化。这是三维有限元管柱力学数值解优于三维管柱力学解析解的地方之一。

三维有限元数值解可以对油管和套管之间的接触进行逐点分析，并根据接触情况得到相应的摩擦力大小。这是三维有限元数值解优于解析解的特点之二。

ABAQUS 有限元软件提供了油管–套管 ITT 接触单元，并且根据厚壁筒受内压–外压的理论，提供了管截面上 24 个点的应力解析解，这样就在保证位移和应力数值解精度的前提下极大地提高了管柱计算求解效率。

本书建立了管柱的三维有限元模型，分析管柱的力学行为，在应力分析数值解的基础上，分析了管柱关键部位的疲劳强度安全系数。

由于管柱同一深度截面上的位移只有一个值，在结果显示一节我们把压裂前、压裂阶段、试油阶段共三个阶段的位移解一起放在同一个图中以比较的形式展示。由于管柱同一深度截面上的应力点有 24 个，我们在每个深度的截面上挑出了 9 个点的应力值进行应力结果展示。三个施工阶段分别进行应力数值结果展示。

本书分析模拟了压裂前、压裂、试油三个阶段的管柱系统的位移和应力。由于试油阶段的管柱所受的温度载荷及压力载荷都比较大，因此在结果展示时首先展示试油阶段的位移和应力数值解。之后再展示压裂前和压裂两个阶段的管柱位移和数值解。

在分析疲劳强度安全系数时，本书采用了文献 [14], [15] 中的疲劳强度理论模型。

2.3.1 输入数据

1. 井轨迹的信息

为了清楚展示钻井质量不佳引起的井孔轨迹的闭合距振荡变化，图 2.32(a)～(d) 分别给出了井孔轨迹闭合距在 1800～3000m、3000～4000m、4100～4500m、

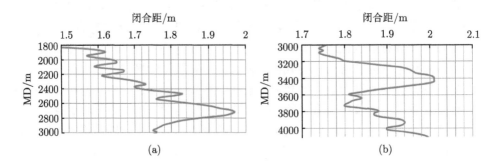

(a)   (b)

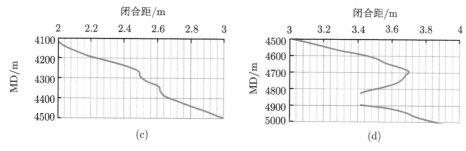

图 2.32 井轨迹闭合距偏离设计轨迹的信息

4500~5000m 4 个深度段上随深度变化的曲线。在 4000m 以上，有 10 个主要的不规则横向闭合距振荡区段。

2. 油管柱的几何尺寸、油管–套管间隙

表 2.10 给出了油管柱的几何尺寸、油管–套管间隙。

表 2.10 油管柱的几何尺寸、油管–套管间隙

套管最内层				油管				间隙/mm	备注
深度/m	外径/mm	壁厚/mm	内径/mm	深度/m	外径/mm	壁厚/mm	内径/mm		
0	232.5	16.75	199	0	114.3	12.7	88.9	42.35	
205.24	232.5	16.75	199		114.3	12.7	88.9	42.35	
205.24	196.9	12.7	171.5		114.3	12.7	88.9	28.6	
300	196.9	12.7	171.5	300	114.3	12.7	88.9	28.6	
300	196.9	12.7	171.5	300	114.3	8.56	97.18	28.6	
1000	196.9	12.7	171.5	1000	114.3	8.56	97.18	28.6	
1000	196.9	12.7	171.5	1000	88.9	9.52	69.86	41.3	
1700	196.9	12.7	171.5	1700	88.9	9.52	69.86	41.3	
1700	196.9	12.7	171.5	1700	88.9	7.34	74.22	41.3	
3200	196.9	12.7	171.5	3200	88.9	7.34	74.22	41.3	
3200	196.9	12.7	171.5	3200	88.9	6.45	76	41.3	
5193.53	196.9	12.7	171.5	5193.53	88.9	6.45	76	41.3	
5193.53	201.7	15.12	171.46	5193.53	88.9	6.45	76	41.28	
6314	201.7	15.12	171.46	6314	88.9	6.45	76	41.28	
6314	139.7	12.09	115.52	6314	88.9	6.45	76	13.31	
6680	139.7	12.09	115.52	6680	88.9	6.45	76	13.31	封隔器位置
6680	139.7	12.09	115.52	6680	88.9	6.45	76	13.31	
6680	139.7	12.09	115.52	6747	73.02	5.51	62	21.25	
6980	139.7	12.09	115.52		73.02	5.51	62	21.25	

2.3.2 三维管柱有限元模型及载荷

采用 2.3.1 节的数据，建立了管柱三维有限元模型，并进行了分析。图 2.33 给出了管柱的 6810m 全长示意图。模型采用 2123 个二次管单元 PIPE32H、4247 个节点模拟油管。图中的坐标原点位于井口，向上为 z 轴正向。

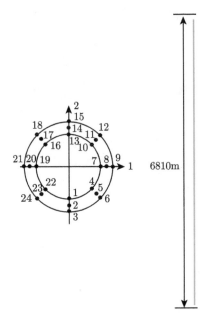

图 2.33　管柱模型示意图

　　模型自顶端开始至封隔器处设置了 ITT 接触单元。自封隔器以下的管柱部分不是分析的重点。为了减轻计算工作量，封隔器以下部分管柱没有设置 ITT 接触单元，仅设置了 PIPE32H 管单元模拟这部分管柱。

　　管单元按厚壁筒计算，在管截面上的应力点共有 24 个，如图 2.33 所示。后面小节的 9 个应力点是在这 24 个点中选出的。材料参数如表 2.11 所列，包括管柱材料的弹性性能、强度、热膨胀参数和密度。压裂前、压裂时、试油时的压力载荷参数如表 2.12 所列，图 2.34 给出了目标井管柱的温度分布参数。

表 2.11　管柱材料参数表

弹性性能		屈服强度	抗拉强度	热膨胀系数	密度/(kg/m³)
杨氏模量	泊松比	最小值	最小值		
31290psi(215700MPa)	0.3	109000psi(750MPa)	120000psi(828MPa)	1.15×10^{-5}	7850

表 2.12　压力载荷参数

		井口压力 /MPa	井底压力 /MPa	
压裂前	套压	30	122	环空保护液密度 1.38g/cm³
	油压	30	122	
压裂时	套压	55	147	同上
	油压	110	162	
试油时	油压	80	105	同上

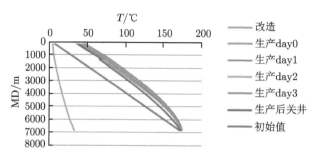

图 2.34 不同工况下管柱温度分布

2.3.3 ABAQUS 有限元管柱三维变形及应力分析数值结果

1. 压裂前管柱变形分析数值解

图 2.35 给出了管柱安装 (下管柱) 过程中管柱横向变形 U_1 的分布情况。图中显示的状态为油管底部到达 6000m 深度、尚未下到底部的中间情况。中间云图中的周期性分布的彩色表明管柱局部可能发生了屈曲。图 2.36 下管柱过程中管柱内部的变形 U_1 的值因为轨迹在水平方向有偏离,所以位移值远远大于油管–套管间隙。

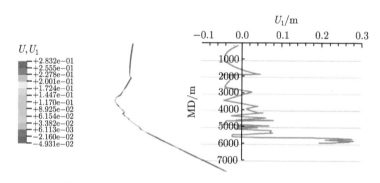

图 2.35 下管柱过程中管柱横向变形沿全长的分布

2. 压裂前、压裂时、试油时三个阶段的管柱位移 U_1 比较与分析

图 2.36 给出了三个阶段的管柱位移 U_1 分布图。图中显示在下部管柱长度上 (5900m 以下),横向位移 U_1 的变形因素开始明显。从图 2.36 可以看出开井试油时管柱局部屈曲失稳造成的横向变形周期性振荡。其他两个阶段没有屈曲失稳振荡现象。

3. 压裂前、压裂时、试油时三个阶段的管柱位移 U_2 比较和分析

图 2.37 给出了三个阶段的管柱位移 U_2 分布图及其局部放大图。图中显示开井生产时横向位移 U_2 在 5500m 以上基本为零,在 6000m 以下 U_2 变形明显,且

呈周期振荡。结合图 2.36 的 U_1 分布，可以知道这个深度范围的管柱失稳为螺旋形失稳变形。其他两个阶段的 U_2 值为零。

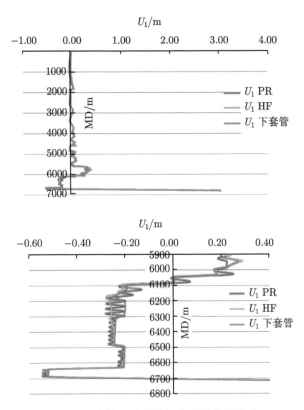

图 2.36　三个施工阶段管柱变形沿全长的分布

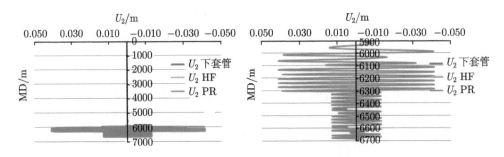

图 2.37　压裂前管柱变形 U_2 沿全长的分布

图 2.38 为开井试油时管柱螺旋形失稳变形的局部放大图。图中包括管柱长度上的上下各一个周期/波长。上部的油管–套管间隙约为 43mm，下部约为 13mm。

上部一个波长跨度为 6262～6293m，MD 测深跨过的距离/长度为 31m，跨越超过 3 根管。下部的波长为 6323～6351m，距离 29m，跨越接近 3 根管。

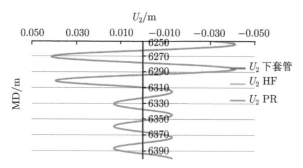

图 2.38　开井试油时管柱螺旋形失稳变形的局部放大图

图 2.39 给出了三个阶段的管柱位移 U_3 分布图。图中显示竖向位移初始值和开井生产时的差别不大。压裂时因为温度降低引起管柱收缩，中间深度上的管柱的竖向位移值有一定减小。封隔器处的竖向位移发生在坐封之前。坐封之后封隔器处的竖向位移增量为零。

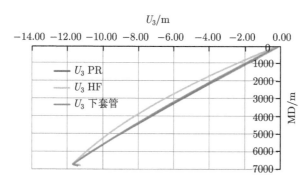

图 2.39　三个阶段的管柱位移 U_3 分布图比较

4. 开井试油时管截面上的各点应力分析

如图 2.40(a) 所示为模型输出应力时选用的厚壁圆管的截面上的点沿圆周的分布及编号。第 1 至 9 号点为套管上的点，是油管柱上截面的点。第 12 和第 13 号点都在 1 轴上，分别位于外圆周及壁厚中间。其他 7 点都在外圆周上。图 2.40(b) 给出了管柱横截面上第 10 至第 18 共 9 个点上的 S_{11} 值沿全长的分布。由图中可以看出，同一深度的横截面 9 个点上的 S_{11} 值很接近。

如图 2.41 所示，在深度 6100～6800m 及 4100～4300m 两个间隔上，截面上 9 个点的 S_{11} 分布及比较。如图 2.41(b) 所示，在 4100～4300m 深度间隔上，通过同一深度上红蓝两条 S_{11} 曲线的比较可以得出：弯曲引起的截面内的 S_{11} 轴向应力差别为 $157 - 144 = 13$(MPa)。单点的应力变化幅值为其 $1/2$，即 6.5MPa。在 6100~6300m 深度间隔上的截面内 9 个点间的 S_{11} 应力相差 32MPa。单点的最大变化幅度为其 $1/2$，即 16MPa。在 6300~6600m 深度间隔上的截面内 S_{11} 应力差为 20MPa。油管–套管大间隙和小间隙之间的截面内 S_{11} 轴向应力差的差别约为 12MPa。应力变化幅值为其 $1/2$，即分别为 10MPa 和 6MPa。

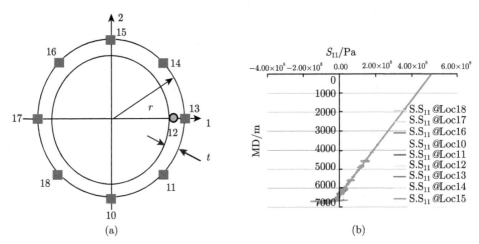

图 2.40　坐封前管柱横截面上的各点轴向应力 S_{11} 沿全长的分布

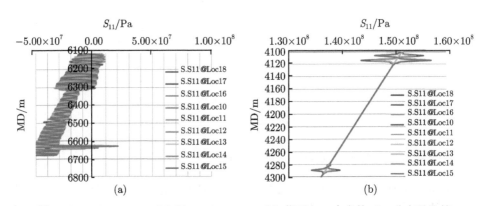

图 2.41　6100~6800m (a) 及 4100~4300m (b) 截面上 9 个点的 S_{11} 分布及比较

如图 2.42 所示为模型截面上 9 个点上的等效应力 S_{Mises} 和环向应力 S_{22} 沿管柱全长分布情况。图中看出，由于弯曲变形等原因，位于壁厚中间点的截面点 12 位置上的 S_{Mises} 和 S_{22} 环向应力分量比位于外圆周上的其他 8 个点上的值都明显大。

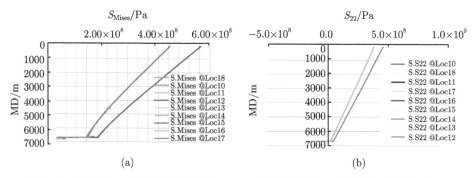

图 2.42 截面上 9 个点上的等效应力 S_{Mises} 和环向应力 S_{22} 沿管柱全长分布情况

5. 压裂前管截面上的各点应力分析

在下管柱阶段,管柱的受力为重力、内压、外压以及底部的液体压力即浮力。图 2.43(a) 给出了管柱横截面上第 10 至第 18 之间共 9 个点上的 S_{11} 值沿全长的分布。图中看出,中和点的位置在 5294m。图 2.43(b) 给出了深度 1800~2000m 的管柱横截面上 S_{11} 值的分布。图中看出,在 1840m 深度上最大的应力变化幅度为 6MPa,此处的平均应力为 257MPa。

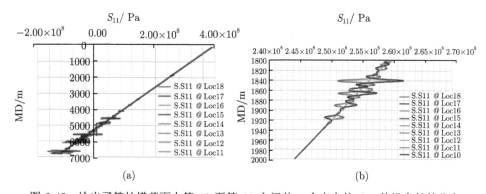

图 2.43 给出了管柱横截面上第 10 至第 18 之间共 9 个点上的 S_{11} 值沿全长的分布

图 2.44 给出了深度 3000~4000m 及 4000~5000m 的管柱横截面上 S_{11} 值的分布。图中看出,在 4600m 深度上最大的应力变化幅度为 32.4MPa,此处的平均应力为 47.5MPa。

图 2.45 给出了深度 6000~7000m 的管柱横截面上 S_{11} 值的分布。图中看出,在 6639m 深度上最大的应力变化幅度为 55MPa,此处的平均应力为 −110MPa。

6. 压裂时管截面上的各点应力分析

图 2.46 给出了压裂时管柱横截面 9 个点上的等效应力 S_{Mises} 和轴向应力 S_{11} 值沿全长的分布。图中看出管柱封隔器以上没有中和点。

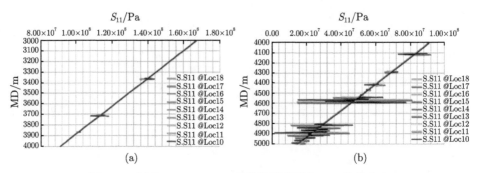

图 2.44　深度 3000∼5000m 的管柱横截面上 S_{11} 值的分布

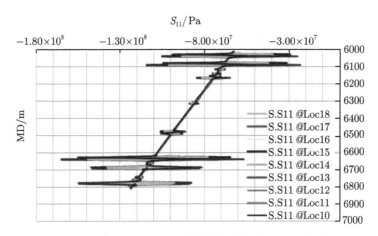

图 2.45　深度 6000∼7000m 的管柱横截面上 S_{11} 值的分布

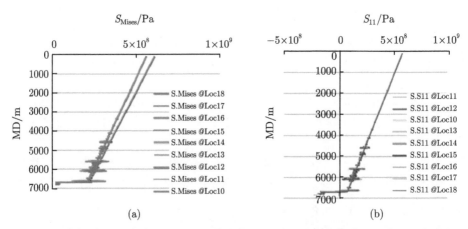

图 2.46　压裂时管柱横截面 9 个点上等效应力 S_{Mises}(a) 和轴向应力 S_{11} 值 (b) 沿全长
的分布

如图 2.47(b) 所示，第 12 点上的环向应力 S_{22} 与其他点上 S_{22} 的值差别明显，差别最大值发生在井口，差别超过 50MPa。

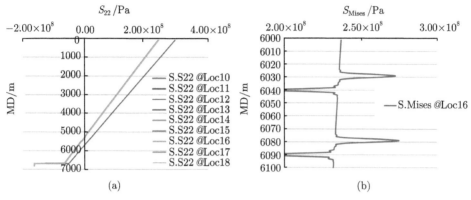

图 2.47 压裂时环向应力 S_{22} 沿全长的分布

从图 2.48(a) 可以看出，局部放大以后，压裂时管柱截面上各点的 S_{Mises} 等效应力的振荡现象明显，振幅在 6074m 深度上达到 40MPa。如图 2.48(b)、(c) 所示，局部放大图中的轴向应力 S_{11} 在深度 5580m 和 5590m 上有一个弯曲引起的增量变化。增量幅值为 60MPa。图 2.49 显示，轴向应力 S_{11} 在深度 4110m 和 4120m 上有一个弯曲引起的增量变化，增量幅值为 11MPa，此处的平均应力为 278MPa。图 2.50 给出了轴向应力 S_{11} 在深度 4280m 和 4300m 局部弯曲引起的增量变化。

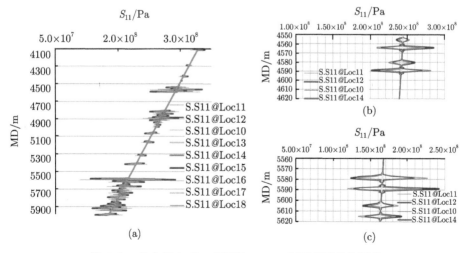

图 2.48 轴向应力 S_{11} 在深度 4100m 以下有明显的振荡

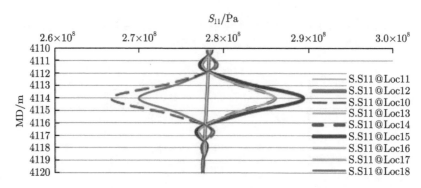

图 2.49   轴向应力 S_{11} 在深度 4110m 和 4120m 上有一个局部弯曲引起的增量变化

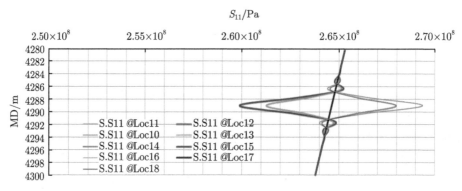

图 2.50   轴向应力 S_{11} 在深度 4280m 和 4300m 上有一个局部弯曲引起的增量变化

表 2.13 给出了开井试油、压裂和下管柱完成三个载荷阶段管柱各处的轴向应力波动的应力变幅及平均应力总结。

表 2.13   三个载荷阶段管柱各处的轴向应力波动的应力变幅及平均应力

	深度范围/m	应力幅值/MPa	平均应力/MPa
开井试油阶段	4110~4120	7	150
	6100~6300	16	16
	6300~6600	10	40
压裂阶段	4110~4120	11	278
	4560~4570	40	246
	5580~5590	60	164
下管柱完成	1830~1850	6	257
	4590~4610	32.4	47.5
	6629~6649	55	110

图 2.51 给出了三个阶段的管柱内等效应力 S_{Mises} 分布图。图中显示在下管柱 (初始) 阶段以及压裂阶段，Mises 应力值在管柱中下部有局部振荡；在开井生

产阶段，Mises 应力的分布相比压裂阶段变得光滑很多。峰值在弹性范围内。MD = 4146m 和 4285m 两点的 S_{Mises} 处于近似线性变化区。

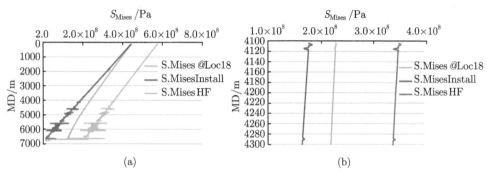

图 2.51　三个阶段的管柱内等效应力 S_{Mises} 分布图

图 2.52 给出了三个阶段的管柱内部轴向力 S_{11} 的应力分布图。图中显示在开井生产阶段以及压裂阶段，S_{11} 应力值在管柱中下部有局部振荡；在压裂前下管柱 (初始) 阶段，S_{11} 应力的分布相比图 2.52 要光滑很多。这里的 S_{11} 振荡区段对应着局部失稳的管柱部分。MD 为 4146m 和 4285m 两点的 S_{11} 处于近似线性变化区。

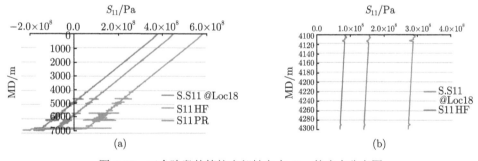

图 2.52　三个阶段的管柱内部轴向力 S_{11} 的应力分布图

图 2.53(a)、(b) 显示出，在 MD 为 4110~4120m 和 4280~4300m 两段的 S_{11} 的分布均有一个小的应力波动。

7. 疲劳强度计算法

在 KES2-2-3 井油管柱分析中，交变应力的来源主要有以下两种。

(1) 由温度变化引起的热膨胀/收缩导致管柱位移。在局部发生弯曲变形时产生局部弯曲应力变化振荡。这主要发生在压裂及开井试油生产阶段。主要表现为轴向应力分量 S_{11} 的变化。

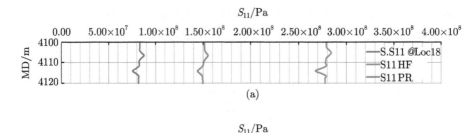

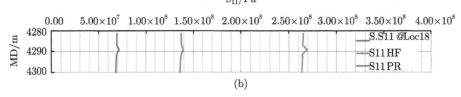

图 2.53　在 MD = 4110~4120m 和 4280~4300m 两段的 S_{11} 的分布均有一个小的应力波动

(2) 压裂前下管柱过程中受到井孔轨迹约束强制变形引起的交变应力。管柱下入井孔套管的过程是一个动态过程，每当有管柱节通过井孔弯曲点时，弯曲导致的应力振荡变化就会出现。

根据文献 [14]，[15] 的理论，假设疲劳极限线是经过对称循环疲劳极限点 A 和拉伸强度极限点 B 的一条直线，如图 2.54 所示，则周期变幅应力的疲劳强度计算公式如下述式 (2.1)~式 (2.3) 所示。式中各参数包括应力变幅 σ_a 与疲劳极限 σ_{-1}、平均应力 σ_m、应力强度 σ_b。

$$\sigma_a = \sigma_{-1}\left(1 - \frac{\sigma_m}{\sigma_b}\right) \tag{2.1}$$

由式 (2.1) 推导可得

$$\sigma_{-1} = \sigma_A + \psi_\sigma \sigma_M, \quad \psi_\sigma = \frac{\sigma_{-1}}{\sigma_b} \tag{2.2}$$

σ_M 为图 2.54 中疲劳失效极限线上任意一点 M 的平均应力，σ_A 为点 M 的应力变幅，ψ_σ 为不对称系数。对于 P110 高强度钢材，可近似取 $\psi_\sigma = 0.3$。图 2.54 中 m 点为实际发生的应力点，此处的平均应力 σ_m 和应力幅值 σ_a 为实际发生的交变应力的参数。

根据式 (2.2)，任意应力比 R 的不对称循环交变应力可以用不对称系数 ψ_σ 折算成等效的对称循环应力情况来计算疲劳强度。对于图中的 m 点，此处的等效交变应力为

$$\sigma_{-1i} = \sigma_a + \psi_\sigma \sigma_m \tag{2.3}$$

安全系数的概念：

$$n = \frac{许用应力}{当前应力} = \frac{\sigma_{-1}}{\sigma_{-1i}} \tag{2.4}$$

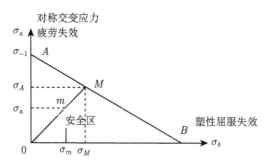

图 2.54　疲劳强度理论模型示意图

从而得到当前应力 m 点的疲劳失效安全系数为

$$n = \frac{\sigma_{-1}}{\sigma_{-1i}} = \frac{\sigma_{-1}}{\sigma_a + \psi_\sigma \sigma_m} \tag{2.5}$$

考虑结构的有效应力集中系数 K_σ、尺寸系数 ε、表面加工系数 β 三方面的因素对疲劳极限的影响之后，得到下面的疲劳强度安全系数公式：

$$n = \frac{\sigma_{-1}}{\frac{K_\sigma}{\varepsilon\beta}\sigma_a + \psi_\sigma \sigma_m} \tag{2.6}$$

这个公式适用于拉压弯曲单向应力安全系数的计算。

1) 应力集中系数 K_σ 的确定

应力集中系数的定义是结构截面上实际发生的最大应力与结构此处的名义应力之间的比值。参考文献中关于应力集中系数的描述很多，典型的与本书相关的资料如下。

(1) 螺纹处的应力集中系数根据材料强度高低，可以从 $\sigma_b = 350\mathrm{MPa}$ 时的 $K_\sigma = 3$ 变化到 $\sigma_b = 890\mathrm{MPa}$ 时的 $K_\sigma = 5.2$。

(2) 变截面轴在截面台阶处的应力集中系数 K_σ 的大小与台阶处的圆角半径 R 以及台阶的大小、截面两侧的轴半径之比有关，从 $R = 0$ 时的 5 变化到 $R = 0.3d$ 时的 1.5。

油管接箍处虽然不是变截面轴，但是在弯曲变形时，接箍与丝扣间形成的台阶处能在丝扣根部形成明显的应力集中。油管抗拉强度高，达到 828MPa，对应力集中系数敏感。综合考虑各种因素，取工厂端丝扣根部的应力集中系数为 3.5。

2) 尺寸系数 ε、表面加工系数 β 的确定

取为 1：$\varepsilon = 1$；$\beta = 1$。

3) 疲劳强度安全系数公式

将上述有效应力集中系数 K_σ、尺寸系数 ε、表面加工系数 β 三方面的取值代入疲劳强度安全系数公式中，得到

$$n = \frac{\sigma_{-1}}{\varepsilon \sigma_a + \psi_\sigma \sigma_m} \tag{2.7}$$

材料和结构受周期性变化的应力作用而破坏的形式叫疲劳破坏。疲劳极限就是在一定循环特征 R 下，材料或构件可以承受无限次循环而不发生疲劳破坏的最大应力，记做 σ_R。对于对称循环载荷，记为 σ_{-1}。对于给定材料，可以通过试验得到疲劳极限参数值。对于非对称循环的应力变化特征 R 下的疲劳极限的确定，可以采用经验法通过不对称系数 ψ_σ 和材料抗拉强度 σ_B 折算得到。根据参考文献 [14]，[15]，这里取不对称系数 $\psi_\sigma = 0.28$:

$$\sigma_{-1} = 0.28\sigma_B = 0.28 \times 828 = 231.84(\text{MPa}) \tag{2.8}$$

得到安全系数计算公式为

$$n = \frac{231.84}{3.5\sigma_a + 0.28\sigma_m} \tag{2.9}$$

4) 疲劳强度安全系数值

下面的表 2.14 汇集了上述系数和模型参数的取值。根据表 2.14 的模型参数取值和表 2.13 的应力值，使用式 (2.9)，计算得到表 2.15 中的各弯曲应力部位的疲劳安全系数 n 的值。表 2.15 中的结果如下。

(1) 压裂阶段，在深度 5580～5590m，疲劳安全系数 n 的值小于 1，标为红色警告区。在 4110～4120m 和 4560～4570m，n 值分别为 1.99 和 1.11，大于 1，小于 2，标为预警区。在其他管段的疲劳安全系数 n 大于 1.99，属于安全区。

(2) 开井试油生产阶段，各段的疲劳安全系数都大于 3，安全，标为绿色安全区。

(3) 下管柱结束，压裂前，在 1800～2000m 深度上有应力波动区，n 值为 2.49，属于绿色安全区。在 4000～5000m 和 6000～7000m 深度上有应力波动区，n 值分别为 1.83 和 1.04，属于黄色预警区。

(4) 模型中忽略了深度 1800～2600m 井孔轨迹方位角变化可能产生的支反力/扭转载荷作用。

(5) 在第 418 根和 432 根油管断裂的深度为 4100～4300m 的管段，靠近安全系数黄色预警区。

表 2.14　疲劳安全系数计算的材料参数和模型参数值

应力集中系数 K_σ	3.5	尺寸及表面质量系数	1
不对称系数 ψ_σ	0.28	抗拉强度 σ_b/MPa	828
疲劳极限 σ_{-1}/MPa	231.84		

表 2.15 管柱各处的轴向应力的应力幅值及平均应力以及相应的疲劳安全系数

	深度范围/m	应力幅值 σ_a/MPa	平均应力 σ_m/MPa	疲劳安全系数 n
开井试油生产阶段	6100~6300	16	16	3.83
	6300~6600	10	40	5.02
	4110~4120	7	150	3.49
压裂阶段	5580~5590	60	164	0.91
	4560~4570	40	246	1.11
	4110~4120	11	278	1.99
下管柱结束，压裂前	1800~2000	6	257	2.49
	4000~5000	32.4	47.5	1.83
	6000~7000	55	110	1.04

2.3.4 小结

本节针对 KES2-2-3 井的实际工程问题建立了三维有限元管柱力学模型。结合完井试油施工过程，分析了管柱结构的变形及应力分布，找到了交变应力的来源。然后根据疲劳强度计算的理论公式，给出了疲劳安全系数的计算公式，并根据疲劳强度理论公式以及管柱各处的轴向应力有限元数值计算结果，得到各弯曲应力部位的疲劳安全系数 n 的值。结果表明：

(1) 在压裂施工阶段，在深度 5580~5590m，疲劳安全系数 n 的值小于 1，标为红色警告区。在 4110~4120m 和 4560~4570m，n 值分别为 1.99 和 1.11，大于 1，小于 2，标为预警区。在其他管段的疲劳安全系数 n 大于 1.99，属于安全区。

(2) 在开井试油生产阶段，各段的疲劳安全系数都大于 3，属于安全状态，标为绿色安全区。

(3) 在初始的压裂前下管柱阶段，在 1840m 深度上有应力波动区，疲劳安全系数 n 值为 2.49，属于绿色安全区。在 4590~4610m 和 6629~6649m 深度上有应力波动区，n 值分别为 1.83 和 1.04，属于黄色预警区。

(4) 模型中忽略了深度 1800~2600m 井孔轨迹方位角变化可能产生的支反力/扭转载荷作用。这使得计算所得疲劳安全系数的结果比实际上的可能值要大，实际的安全系数要小于计算值。

(5) 在第 418 根和 432 根油管断裂的深度为 4100~4300m 的管段，靠近安全系数黄色预警区。

结合管柱应力分析数值结果和疲劳安全系数分析结果，为了保证管柱的完整性、保障安全生产，建议如下：

(1) 对管柱安全系数较低、黄色及红色失效风险较大的管段，有必要在下管柱/安装前采取措施降低应力集中系数，比如增大螺纹接箍部位的圆角等。

(2) 提高材料的强度极限。

2.4　KES201 井管柱的三维有限元分析

2.4.1　工程背景介绍

KES201 井投产时开井套压从 37MPa 升至 51MPa。修井起出管柱检查，88.9mm×6.45mm 油管 4451m 处接箍纵裂，管体刺漏。图 2.55 给出了接箍纵裂、管体刺漏的实物照片。图 2.56 给出了 KES201 井管柱结构设计图。

图 2.55　失效实物照片：接箍纵裂，管体刺漏

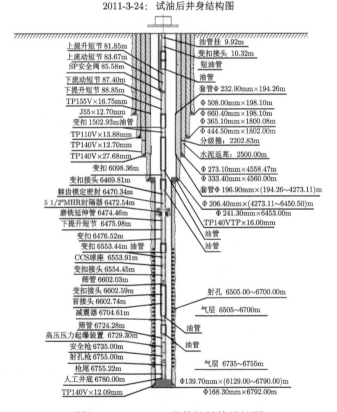

图 2.56　KES201 井管柱结构设计图

KES201 井三维有限元管柱力学模型及其在压力和温度等载荷因素下的力学行为分析计算是本节的主要工作内容。

研究中使用了 PIPE31 单元模拟管柱，使用 ITT 接触单元模拟油管–套管之间的接触。经过 ABAQUS 三维有限元分析计算，得到了管柱在初始阶段、压裂阶段和试油生产三个典型阶段的应力、应变、位移等力学量的数值解。

2.4.2 三维管柱有限元模型及载荷

酸压阶段的井口压力油管压力为 115MPa，相应的套压为 51MPa。试油生产期间的井口压力油管压力为 91MPa，相应的套压为 39MPa。

图 2.57 给出了 KES201 井的有限元管柱模型图。模型自顶端开始至封隔器

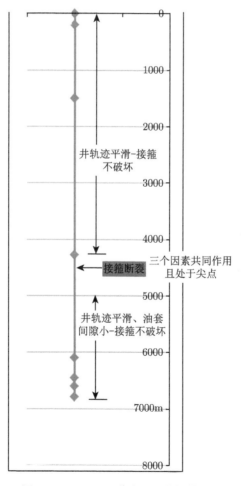

图 2.57 KES201 井有限元管柱模型

处设置了 ITT 接触单元。模型下部自封隔器以下，不是分析的重点。为了减轻计算工作量，封隔器以下部分管柱没有设置 ITT 接触单元，仅设置了 PIPE31 管单元模拟这部分管柱。

2.4.3 管柱的有限元位移分析结果

图 2.58 是 KES201 井油管柱有限元位移分析结果，为在初始、压裂、试油生产时三种工况下的轴向位移 U_3 的分布图。封隔器由于施加了位移约束，坐封以后位移值不变，保持着在坐封前的下沉伸长位移值。

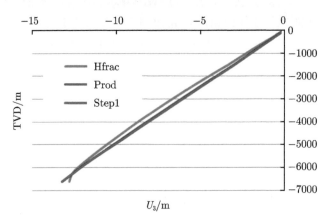

图 2.58 油管管柱在初始、压裂、试油生产时三种工况下的轴向位移 U_3

2.4.4 管柱的有限元应力分析结果

图 2.59 给出了初始、压裂、试油生产三个阶段管柱轴向应力的分布图。从图 2.59

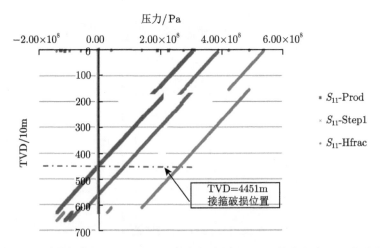

图 2.59 油管管柱在初始、压裂、试油生产时三种工况下轴向应力 S_{11} 的分布

看出，在压裂施工阶段，TVD 在 4451m 处的轴向应力为拉应力，但是其值较小，约为 300MPa。

图 2.60 给出了初始、压裂、试油生产三个阶段管柱环向应力 (hoop stress) 的分布图。从图 2.60 看出，在试油生产阶段，TVD = 4451m 处的环向应力为拉应力，但是其值较小，约为 50MPa。

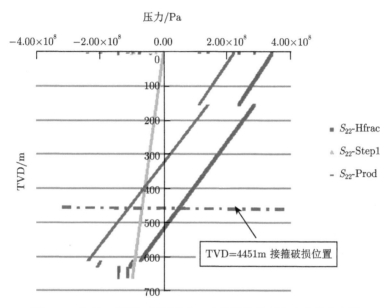

图 2.60　初始、压裂、试油生产三个阶段管柱环向应力的分布图

2.4.5 小结

数值结果表明：KES201 井的管柱应力在强度安全范围内，接箍断裂处的应力很小，仅约为强度极限的 1/3。从而可以得出结论：KES201 井接箍的断裂现象不是因为强度原因，而是另有原因。

2.5 高温高压气井多封隔器管柱完整性分析方法及应用实例

封隔器是井下完井设备主要部件之一，是用于致密油气储层改造的压裂相关工程以及地层注水等施工措施的配套设施[20-22]。它的作用是将所在深度位置的油管–套管之间的环空间隙封闭、隔离，保障具有较高压力的液体能按照预设的通道顺利进入地层。近年来，随着分段开采技术在常规和非常规油气资源的开采中的普及，多封隔器的使用及相应的研究工作也越来越多[23-26]。

封隔器强度信封曲线的组成因素有两个，第一个是封隔器对轴向力的承载能

力，第二个是对环空压差载荷的承载能力。一般封隔器生产商仅提供封隔器强度
信封曲线，给出允许的载荷范围，不提供详细结构设计参数和计算原理。这样有
时会导致按照强度曲线设计的封隔器管柱系统发生意料之外的破坏[23]。塔里木
油田迪西-1 井管柱系统中，使用了双液压封隔器，作为分段压裂的井下完井设施。
在压裂施工过程中，双封隔器其中的一个封隔器发生芯轴断裂。为了分析芯轴破
坏这个现象的机理，文献 [8] 采用三维有限元方法，分析了芯轴传压孔的应力集
中现象。相关研究虽然部分解释了芯轴破坏现象的力学机理，但是由于缺乏对整
个管柱的受力分析，所用的力学模型不完整。

单一液压封隔器的受力比较简单：其上受上部油管传递过来的轴向力作用，其
下受下部油管传递过来的轴向力作用。下部油管的轴向受力一般为内外压力、浮
力及重力。由于下部油管为自由端，所以它不受温度载荷的影响。在上下油管之
间，封隔器受卡瓦等环空封隔零部件的压力和摩擦力。这些封隔零部件的摩擦力
沿轴向分布，与咬合在套管表面的卡瓦一起，平衡了正常施工/生产工况下环空压
差产生的载荷。但是在卡瓦咬合在套管表面之前，在短暂的坐封过程中，环空压
差产生的载荷完全由封隔器芯轴及管柱来承担。

双液压封隔器管柱系统的受力分析比单一封隔器的受力分析要更复杂：在温
度载荷影响下，上部油管会受热膨胀，产生温度轴向力，下部油管由于不是自由
段，也会产生温度载荷引起的轴向力。近十几年来，有若干研究文献对多封隔器
管柱力学进行了研究[27-32]。张智等[21,22]通过研究高压气井管柱多封隔器复
合管柱力学模型，认为封隔器在井筒中的位置对管柱轴向力的影响较大。刘祥康
等[20]针对水平井多封隔器高强度分段改造作业的情况，研究了井筒温压场对管
柱力学行为的影响。沈新普等[27]分析了封隔器芯轴在水力压裂液体压力载荷作
用下的弹塑性变形行为。胡志强等[25]研究了多封隔器在井筒封固段的密闭环空
的空间压力的温度效应。

本节提出了"管柱力学全长分析 + 封隔器芯轴三维有限元分析"的综合分析
方法，用于分析计算多封隔器管柱的力学行为以及封隔器的完整性，给出了相应
的计算流程，并将之用于塔里木油田迪西-1 井芯轴破坏现象的分析，得到的变形
及应力分布数值结果能与观察到的现象很好地匹配。实例说明了本节方法流程的
有效性和实用性。

2.5.1　多封隔器管柱力学有限元分析流程

基于有限元数值方法的多封隔器管柱力学行为及封隔器完整性计算分析流程
如图 2.61 所示。它包括两个部分：第一部分为管柱全长的有限元分析，第二部分
为封隔器局部结构弹塑性应力分析。

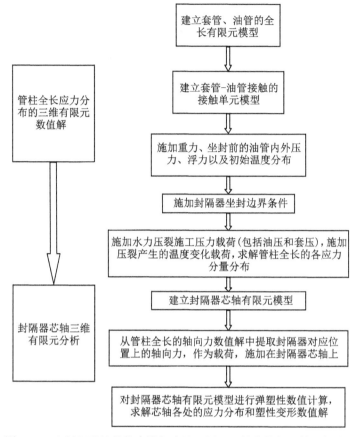

图 2.61　多封隔器管柱的力学行为以及封隔器的完整性计算分析流程

2.5.2　多封隔器管柱力学有限元分析在迪西-1 井封隔器破坏分析中的应用实例

迪西-1 井的下部油管柱结构如图 2.62 所示，全长 4942m。采用了两个双封隔器进行分层压裂。它们的坐封位置分别位于 TVD = 4612m 和 4850m 处。两个封隔器的型号相同，均为 MHR 双筒液压封隔器。要压裂的目标储层位于 4808~4830m以及 4898~4975m 两处。2012 年 9 月 17 日，在压裂施工过程中的压裂阶段观察到套压升高，判断油管–套管窜通。事后打捞出失效封隔器的零部件，发现两个封隔器中的下部封隔器完好，而上部封隔器的芯轴断裂。断裂位置位于芯轴上的传压孔附近。图 2.63 给出了断裂后的芯轴实物照片。

本节从整体结构的管柱力学分析开始，采用三维有限元法分析管柱全长的应力分布，之后分析封隔器芯轴的局部构造中的应力分布与应变分布。下面首先介绍基本参数，其次介绍有限元模型，最后介绍有限元数值计算结果。

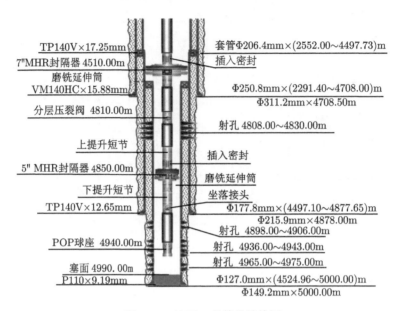

图 2.62　迪西-1 井管柱结构图

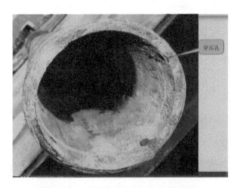

图 2.63　断裂后的芯轴实物照片

2.5.3　有限元模型及分析

1. 管柱全长的有限元模型及参数

采用 2.5.2 节的数据，建立了管柱三维有限元模型，并进行了数值计算分析。图 2.49 给出了管柱的 4942m 全长示意图，井口为坐标原点，这口井为直井。管柱力学三维有限元模型中，横截面上没有网格，只在轴向有网格划分。采用 1647 个三维一阶管单元 PIPE31H、1648 个节点模拟油管，1667 个管单元、1668 个节点模拟套管。这个管单元是专门用于模拟油管及套管的有限元模型。本模型采用了 1647 个 ITT 接触单元模拟油管–套管的接触。有限元网格单元尺寸选取的基本原则是：由于采用的管单元是基于梁单元力学模式来进行计算的，单元的网格不是越密越好，一个单元的长度要大于截面直径的 10 倍，以保证单元的梁的力学属性。模型自顶端开始至油管底部设置了 ITT 接触单元。图 2.64 中给出了双封隔器所在位置及位移约束示意图。在坐封之后，双封隔器位移受到约束。图 2.64 中的圆环代表管柱的圆形截面。截面上有 24 个应力点，沿管柱截面厚度方向分三层、环向一周共 8 个应力点。这些应力点 1~24，是管柱某一深度上的截面壁厚方向上的代表性应力点，用于表达管柱截面上的应力大小。为了表达简洁，本次计算选取了 12 个应力点进行应力校核和分析，应力点的编号为 1~12。

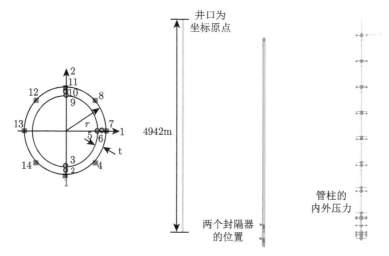

图 2.64　管柱 4942m 全长及截面应力点以及管柱的约束及载荷示意图

模型的载荷为自重载荷、内外压力、浮力、温度变化以及接触力。由于采用了 MHR 液压坐封的封隔器，管柱整体上可以不考虑坐封载荷的影响。但是在封隔器局部结构分析时要考虑液压的作用。

材料参数如表 2.16 所示，包括管柱材料的弹性性能、强度、热膨胀参数和密度。表 2.17 给出了油管柱和套管柱的几何尺寸、油管–套管间隙以及截面积。

封隔器坐封前的压力载荷参数如表 2.18 所示，压裂时的载荷如表 2.19 所示。由于两个封隔器把环空分成三个部分，相应的模型中需要对油管的环空压力分别赋值。

表 2.16　油管柱及封隔器芯轴材料参数取值表

弹性性能		屈服强度	抗拉强度	热膨胀系数	密度/(kg/m³)
杨式模量	泊松比	最小值	最小值		
31290psi(215700MPa)	0.3	110000psi(758MPa)	125000psi(862MPa)	1.00×10^{-5}	7850

表 2.17 油管柱和套管柱的几何尺寸、油管–套管间隙以及截面积

油管柱	内直径 /mm	外直径 /mm	下深 /m	壁厚 /mm	间隙 /mm	套管内径 /mm	套管外径 /mm	油管截 面积/m²	环空截 面积/m²
4 1/2″	97.18	114.30	4482	8.56	30.05	174.40	206.40	0.0028435	0.016471
3 1/2″	74.22	88.90	4512	7.34			7″	0.0018807	
3 1/2″	74.22	88.90	4516	封隔器	9.86	163.12	177.8	0.0018807	0.016572
3 1/2″	74.22	88.90	4765	7.34		108.62	127	0.00188072	
3 1/2″	76.00	88.90	4814	6.45				0.0016707	
3 1/2″	76.00	88.90	4849	6.45		108.62	127	0.0016707	0.00473
			4851	封隔器			5″		
2 7/8″	62.00	73.02	4941	5.51				0.0011686	

表 2.18 压裂施工前压力参数值

施工前	保护液密度 1.3g/cm³	
	井口	井底
套压/MPa	0	62.95
油压/MPa	0	62.95

表 2.19 压裂时的载荷参数值

施工泵压/MPa	95	施工排量/(m³/min)	4.3		环空	油管
注入量/m³	260	环空保护液密度/(g/cm³)	1.3	井口压力/MPa	30	95
泵入流体密度/(g/cm³)	1.03	注入流体温度/℃	15	井底压力/MPa	62.95	136.5

针对实际施工参数，开展酸压过程中的井筒温度场预测，预测得出酸压过程中双封隔器间井筒温度下降 105℃ (略去过程，简化模型的井下初始温度为 130℃，压裂液进入后冷却，温度下降到 25℃，温差载荷为 105℃)。

2. 管柱全长的有限元数值计算结果

图 2.65 和图 2.66 给出了有限元数值计算得到的在压裂施工时沿管柱全长的 S_{Mises} 等效应力和轴向应力的分布结果。图 2.65 中显示出：在重力、施工压力、浮力、接触力及温度变化引起的应力作用下，沿管柱全长的 S_{Mises} 等效应力最大值为 624MPa, 位于油管柱的井口位置。这个值明显低于管柱材料 P110 钢的屈服极限 758MPa。沿管柱壁厚方向各点的应力值有差异。横截面上应力点 1, 9 (这些点的位置参见图 2.64) 为内壁上的点，相应的 S_{Mises} 应力值曲线是图 2.66 的红褐色及蓝色，两条线重叠。横截面上应力点 2, 6, 10, 为壁厚中间点，其上的应力值为紫色曲线。横截面上应力点 12 为外壁上的应力点，应力值为绿色曲线。这些应力点 1~12, 是管柱任一深度上的截面上的壁厚方向上的有代表性的应力点，用于表达管柱截面上的各处的应力大小。在内外压、温度、重力及弯曲的共同作用下，很多时候内壁上的应力点 S_{Mises} 应力值最大，外壁上应力点 S_{Mises} 应力值

最小。图 2.66 的应力分布图显示：管柱截面上各点的轴向拉力相同。由于各点的轴向应力相同、曲线重叠，所以图 2.66 仅给出 4 个应力点的应力分布曲线。

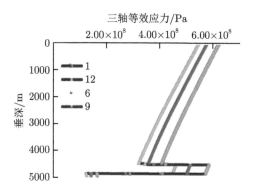

图 2.65 在压裂施工时沿管柱全长的 S_{Mises} 等效应力在横截面四个位置上的典型应力点上的分布结果

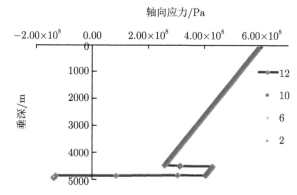

图 2.66 在压裂施工时沿管柱全长的轴向应力在横截面四个位置上的典型应力点上的分布结果

图 2.65 和图 2.66 中，两个封隔器之间的轴向应力值与邻近区域的管柱段比较有明显升高。这是由于压裂液温度低，给油管柱造成降温收缩而产生的温度应力并叠加其他因素造成的。两个封隔器坐封后，封隔器之间的管柱受约束不能移动，这使封隔器芯轴承受附加拉伸。而封隔器芯轴结构具有传压孔等细小构造，应力分布比较复杂。为了弄清芯轴的详细应力分布，必须建立芯轴的局部子模型，进行三维有限元分析。根据图 2.66 的轴向应力分布图得知，在上部的封隔器的芯轴所受轴向力较大，其值为 429MPa。在结构上，封隔器芯轴位于封隔器上下两端的油管之间。通过螺纹连接，中空的芯轴与上下油管一起形成油气通道。

3. 封隔器芯轴分析模型

图 2.67 为 MHR 双筒液压封隔器实物外形图及芯轴的有限元网格模型图。结合图 2.63，断裂位置为封隔器第一组传压孔的位置。

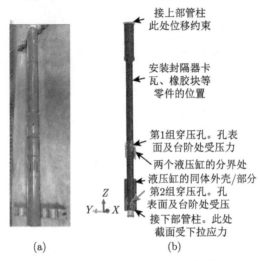

接上部管柱
此处位移约束

安装封隔器卡瓦、橡胶块等零件的位置

第1组穿压孔。孔表面及台阶处受压力

两个液压缸的分界处

液压缸的同体外壳/部分

第2组穿压孔。孔表面及台阶处受压

接下部管柱。此处截面受下拉应力

(a)　　　　　　　　　(b)

图 2.67　MHR 双筒液压封隔器实物外形图 (a) 及芯轴的有限元网格模型图 (b)

芯轴所受的载荷包括两端的拉力，重力载荷，液压载荷，以及来自卡瓦、橡胶块、液压筒等零件的力。这些作用力当中，两端管柱对封隔器芯轴施加的拉力主要是轴向载荷。卡瓦以及橡胶块等零件对芯轴施加的主要是径向压力。这些径向压力用于在套管上产生坐封所需的静摩擦力。它们产生的轴向力较小，这里可以忽略不计。

由于传压孔的连通关系，芯轴内外表面上所受的液体压力大小相等，可以看作相互抵消。但是芯轴的凸起台阶处的液体压力能产生轴向载荷，必须计入载荷作用。

综合以上，本次计算中采用的芯轴模型的载荷简化为：① 来自两端管柱的拉力；② 芯轴台阶处的液体压力及传压孔上的液体压力。其他作用力被忽略不计。在计算管柱轴向拉力时已经计入了温度载荷，因此在计算轴向拉力作用下的封隔器的力学行为时不再重复计算温度应力。

由于芯轴的内外直径与管柱的内外径参数不一样，在施加轴向拉力载荷之前需要把整体管柱全长分析所得结果 429MPa 的拉伸应力转换到芯轴截面上。表 2.20 给出了经过变换的芯轴等效截面应力为 354MPa。芯轴的截面积比相连的管柱截面积要大，因此转换过来的轴向应力载荷要小一些。

表 2.20 芯轴上的等效截面应力计算

	公称尺寸	内直径/mm	外直径/mm	应力值
下部管柱	3 1/2″	76.00	88.90	429MPa
与下部管柱相连的芯轴	3 3/4″	80.52	95.20	354MPa (即 51330psi)

需要注意的一点是：在把管柱轴向力转化为封隔器芯轴轴向载荷时，由于管柱内外壁的轴向拉力/压力有可能不同，需要进行整个截面的平均化取值计算，然后才能确定相应的轴向拉力/压力载荷。当存在屈曲现象时引起的弯曲附加应力尤其需要关注。本节计算中的轴向力各点相同 (图 2.67)，没有这个问题。

4. 封隔器芯轴数值计算结果

图 2.68 为封隔器芯轴在前述芯轴台阶处及传压孔上的液体压力和端部轴向拉力载荷作用下的塑性应变分布图。图 2.69 为 S_{Mises} 等效应力分布图的数值结果。为了清晰展示结构内部的应力分布状况，取剖面展示等效塑性应变 PEEQ 及 S_{Mises} 等效应力的数值计算结果。由于载荷已经超过了结构的强度极限承载能力，液体压力及轴向拉力载荷加载到 73% 的载荷量时就达到了塑性屈服极限，以 "力载荷" 为加载形式的计算不再收敛。这和实际工程中观测到的芯轴断裂现象十分吻合。

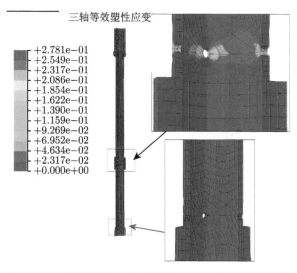

图 2.68 封隔器芯轴在前述载荷作用下的塑性应变分布

从图 2.68 看出，当载荷达到 73% 的总量时，等效塑性应变的最大值达到 0.2781，即 27.81%，这属于明显塑性变形。图 2.68 还显示出了芯轴结构在第一组传压孔附近的塑性变形区连成了一片，导致结构达到了塑性极限，不能继续承受更多的载荷。通过图 2.68 右面的局部放大图可以看出：塑性变形仅在第一组传压孔处，第二组传压孔附近基本没有塑性变形区。

图 2.70 为封隔器芯轴在前述载荷作用下的塑性应变在芯轴外表面上的分布图。从图中看到，塑性区出现局部化趋势，沿着最大剪应力的方向形成了一条塑性剪切带。图 2.69 给出了芯轴结构中的 S_{Mises} 等效应力的分布情况。由于结构原图为厂家提供的网格图 (不能修改)，其尺寸单位为英制单位 in[①]，图中的应力单位为 psi。由图 2.69 可以看出，结构中的等效应力峰值远远超过材料的初始屈服极限 110kpsi，满足了塑性变形加载条件。

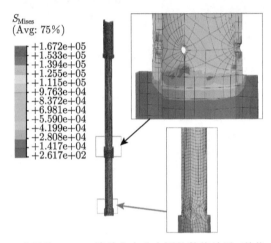

图 2.69　芯轴的 S_{Mises} 等效应力分布图的数值结果 (单位：psi)

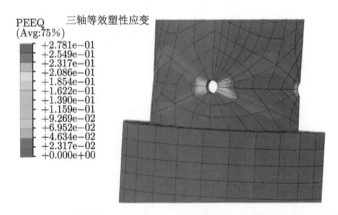

图 2.70　封隔器芯轴在前述载荷作用下的塑性应变在芯轴外表面上的分布图

---

① 1in=2.54cm。

2.5.4 小结

(1) 提出了一个用于双封隔器管柱系统力学行为分析的三维有限元计算流程。结合塔里木油田迪西-1 井封隔器芯轴在压裂施工载荷作用下破坏的实例，展示了这个流程的有效性和实用性。

(2) 计算首先对整体管柱全长进行了三维有限元分析，求得了在压裂施工的载荷工况下管柱各处的应力分布，包括轴向应力和 S_{Mises} 等效应力。数值结果显示：在重力、液体压力和温度应力的作用下，下部封隔器以上至井口管柱各处的轴向应力状态为拉应力。在两个封隔器之间，由于温度应力的影响，拉应力较常温情况明显增大，应力表现异常，但是等效应力峰值为 629MPa，仍然在初始屈服强度 758MPa 以下，仍属于弹性应力范围。

(3) 通过对封隔器局部结构建立有限元模型，采用三维实体单元对芯轴进行弹塑性分析。数值结果表明：在管柱轴向应力和液体压力共同作用下的芯轴发生了明显的塑性变形。在总载荷 73% 的载荷量作用下，芯轴在穿压孔附近发生明显的塑性变形区，且随着载荷增加，塑性变形区连成一片，使结构达到塑性极限而不能继续承受载荷增加。塑性变形发生的位置位于第一组穿压孔附近。第二组穿压孔附近没有塑性变形区。

(4) 为了避免以后出现此类封隔器芯轴断裂的情况，在两个封隔器之间，应该设立伸缩管，以缓解温度下降导致的封隔器芯轴所受轴向拉应力过大的现象。另外，采用更高强度等级材料的芯轴，能承受更高的施工压力及温度载荷，这也是降低芯轴断裂风险的有效方法。

参 考 文 献

[1] 高德利. 油气井管柱力学与工程 [M]. 青岛: 中国石油大学出版社, 2006.

[2] 高德利. 复杂结构静优化设计与钻完井控制技术 [M]. 青岛: 中国石油大学出版社, 2011.

[3] 周鹏遥, 杨向同, 刘洪涛, 等. 连续管在塔里木油田高温高压深井复杂作业的应用 [J]. 钻采工艺, 2016, 39(2): 116-118.

[4] 杨向同, 吕拴录, 闻亚星, 等. 塔里木油田特殊倒角接箍油管的应用分析 [J]. 石油钻采工艺, 2015, 37(4): 127-130.

[5] 沈新普. 超深井套管三维弹塑性 ABAQUS 有限元分析 [J]. 天然气工业, 2007, 27(2): 54-56.

[6] 沈新普, 沈国阳. 复杂结构井钻压值的有限元数值计算 [J]. 计算机辅助工程, 2013, 22(增刊 2): 312-316.

[7] 沈新普, 沈国阳. 致密砂岩油层改造压力作用下双筒液压封隔器弹塑性承载能力三维数值分析 [J]. 计算机辅助工程, 2013, 22(增刊 2): 307-311.

[8] 杨向同, 沈新普, 王克林, 等. 完井作业油管柱失效的力学机理—以塔里木盆地某高温高压井为例 [J]. 天然气工业, 2018, 38(7): 86-92.

[9]	Dassault Systemes: Abaqus Analysis User's Manual.vol. IV: Elements, version 14[M]. Dassault Systemes Simulia Corp., Providence, 2014.

[10]	Mitchell R, Weltzin T. Lateral buckling—the key to lockup[J]. SPE Drilling & Completion, 2011, 26(3): 1-17. doi: 10.2118/ 139824–PA.

[11]	杨向同, 吕拴录, 闻亚星, 等. 塔里木油田特殊倒角接箍油管的应用分析 [J]. 石油钻采工艺, 2015, 37(4): 127-130.

[12]	周鹏遥, 杨向同, 刘洪涛, 等. 连续管在塔里木油田高温高压深井复杂作业的应用 [J]. 钻采工艺, 2016, 39(2): 116-118.

[13]	丁亮亮, 杨向同, 刘洪涛. 超深水平井尾管悬挂器下部环空压力预测及其应用 [J]. 石油钻采工艺, 2015, 37(5): 10-13.

[14]	曾春华, 邹十践. 疲劳分析方法与应用 [M]. 北京: 国防工业出版社, 1991: 7.

[15]	王学颜, 宋广惠. 结构疲劳强度设计与失效分析 [M]. 北京: 兵器工业出版社, 1992: 21.

[16]	沈新普. 超深井套管三维弹塑性 ABAQUS 有限元分析 [J]. 天然气工业, 2007, 27(2): 54-56.

[17]	沈新普, 郭丽丽. 岩石爆破三维动力有限元数值模拟 [J]. 北京理工大学学报, 2009, 29(z1): 189-192.

[18]	沈新普, 沈国阳. 复杂结构井钻压值的有限元数值计算 [J]. 计算机辅助工程, 2013, 22(Z2): 312-316.

[19]	沈新普, 沈国阳. 致密砂岩油层改造压力作用下双筒液压封隔器弹塑性承载能力三维数值分析 [J]. 计算机辅助工程, 2013, 22(Z2): 317-322.

[20]	刘祥康, 丁亮亮, 朱达江, 等. 高温高压深井多封隔器分段改造管柱优化设计 [J]. 石油机械, 2019, 47(2): 91-95.

[21]	张智, 王波, 李中, 等. 高压气井多封隔器完井管柱力学研究 [J]. 西南石油大学学报 (自然科学版), 2016, 38(6): 172-178.

[22]	张智, 王汉. 多封隔器密闭环空热膨胀力学计算方法及应用 [J]. 天然气工业, 2016, 36(4): 65-72.

[23]	杨东, 窦益华, 许爱荣. 高温高压深井酸压封隔器失封原因及对策 [J]. 石油机械, 2008, 36(9): 129-131.

[24]	冯建华, 罗铁军, 金学锋. 双封隔器复合管柱受力分析方法及应用 [J]. 石油钻采工艺, 1993, 15(2): 54-62.

[25]	胡志强, 杨进, 李中, 等. 高温高压井双封隔器管柱安全评估 [J]. 石油钻采工艺, 2017, 39(3): 288-292.

[26]	董星亮, 刘书杰, 谢仁军, 等. 套管封固段变形对高温高压井环空圈闭压力影响规律 [J]. 石油钻采工艺, 2016, 38(6): 782-786.

[27]	沈新普, 沈国阳. 致密砂岩油层改造压力作用下双筒液压封隔器弹塑性承载能力三维数值分析 [J]. 计算机辅助工程, 2013, 22(增刊 2): 307-312.

[28]	张应安. 水平井多封隔器压裂管柱通过性力学关键问题研究 [D]. 大庆: 东北石油大学, 2011.

[29]	岳慧, 余梅卿, 鲁献春, 等. 高压分层酸化管柱的研制和应用 [J]. 石油机械, 2001, 29(2): 44-46.

[30] 罗懿, 邹皓, 刘金林. 小套管井一次多层压裂管柱的研制与应用 [J]. 钻采工艺, 2004, 27(3): 61-63.

[31] 杨向同, 沈新普, 崔小虎, 等. 超深高温高压气井完井含伸缩管测试管柱的应力与变形特征 [J]. 天然气工业, 2019, 39(6): 99-106.

[32] 杨向同, 沈新普, 王克林, 等. 完井作业油管柱失效的力学机理——以塔里木盆地某高温高压井为例 [J]. 天然气工业, 2018, 38(7): 86-92.

[33] Dassault Systemes: Abaqus Analysis User's Manual. vol. IV: Elements, version 19[M]. Dassault Systemes Simulia Corp., Providence, 2019.

第 3 章　克深 131 井射孔孔周部位的应力分析

3.1　工程背景介绍

套管在射孔处的应力集中是研究套管完整性的主要指标之一。套管在地应力及内压等载荷的共同作用下,其变形可能是弹性的,也可能是塑性的。为了弄清套管材料在工作状态下的具体应力状态,必须进行套管射孔周围的局部应力分析。

由于从钻井施工,到固井施工及下套管等施工过程比较复杂,影响生产过程中的套管真实应力的因素比较复杂。虽然地应力的初始值比较容易得到,但是由于井孔在钻井时的应力释放和应力集中,在计算套管所受应力时必须先模拟井孔的应力集中,然后再置入套管。

射孔孔周部位的应力分析是通过克深 131 井底部射孔孔周部位的应力集中研究进行的。射孔所在井段的深度为 7493~7566m。分析目的是了解孔周应力集中情况,以此并结合管柱力学分析结果中的轴向力大小,来简单判断套管是否处于塑性应力状态。

射孔孔周部位的应力分析模型包括:井周地层、水泥环和套管,共同组成有限元模型。

输入参数包括地应力、井底压力以及套管的几何和材料参数等。表 3.2 给出了目的层的初始地应力。

本章将先介绍基本参数,然后介绍有限元模型,之后介绍有限元数值计算结果,最后是结论。

3.2　管柱射孔段及地应力参数

如图 3.1 所示,为克深 131 井射孔管柱图。图中看出,井深 6567m,管柱底部深度接近 7567m (塞面位置)。在图 3.1 中,射孔段的位置 TVD 为 7493~7566m (球座位置) 之间。图 3.2 给出了 TVD 为 7632~7665m 的射孔管柱图。

图 3.3 给出了 TVD 为 7493~7566m 的射孔设计参数值。图 3.4 给出了 TVD 为 7632~7665m 的射孔设计参数。从上述两图可以看出,射孔相位角均为 60°,每周 6 个射孔。

管柱	名称	纲级	内径mm	外径mm	上扣扣型	下扣扣型	壁厚mm	数量	总长度m	下深m	备注
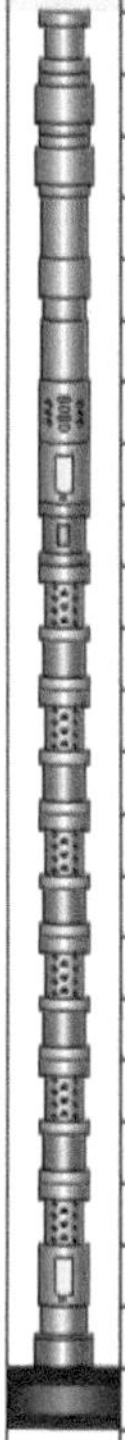	钻杆		82.30	101.60	HT40	HT40			6366.61	6364.76	
	变扣接头		54.00	140.00	HT40	311		1	0.59	6365.35	
	变扣接头		54.00	127.00	310	2_7/8″ EUE		1	0.46	6365.81	
	油管		57.4	73	2_7/8″ EUE	2_7/8″ EUE		115	1094.27	7460.08	
	校深短节		57.4	73	2_7/8″ EUE	2_7/8″ EUE		1	2	7462.08	
	油管		57.4	73	2_7/8″ EUE	2_7/8″ EUE		3	28.58	7490.66	
	开槽筛管		60.00	93.00	2_7/8″ EUE	2_7/8″ EUE		1	0.57	7491.23	
	压力延时起爆器		0.00	93.00	2_7/8″ EUE	特殊扣		1	0.71	7491.94	
	安全枪		0.00	89.00	特殊扣	特殊扣		1	1.06	7493	
	射孔枪（6）		0.00	89.00	特殊扣	特殊扣		3	10	7503	
	夹层枪		0.00	89.00	特殊扣	特殊扣		1	6	7509	
	射孔枪（5）		0.00	89.00	特殊扣	特殊扣		3	10	7519	
	夹层枪		0.00	89.00	特殊扣	特殊扣		2	5	7524	
	射孔枪（4）		0.00	89.00	特殊扣	特殊扣		2	8	7532	
	夹层枪		0.00	89.00	特殊扣	特殊扣		1	5	7537	
	射孔枪（3）		0.00	89.00	特殊扣	特殊扣		2	8	7545	
	夹层枪		0.00	89.00	特殊扣	特殊扣		1	4	7549	
	射孔枪（2）		0.00	89.00	特殊扣	特殊扣		2	8	7557	
	夹层枪		0.00	89.00	特殊扣	特殊扣		2	6	7563	
	射孔枪（1）		0.00	89.00	特殊扣	特殊扣		1	3	7566	
	压力开孔延时起爆器		0.00	93.00	特殊扣	2_7/8″ EUE		1	1.01	7567.01	
	传压枪尾		0.00	93.00	2_7/8″ EUE			1	0.13	7567.14	
	桥塞									7590	

备注：
1、压力延时起爆器销钉值：3.66MPa/颗　油基泥浆密度：1.87g/cm3
2、射孔顶界 7493米 温度174度 销钉温度修正值：16.6% 温度修正后起爆器销钉值：3.66*（1-16.6%）=3.052MPa/颗
上起爆器液柱压力：137.32MPa 销钉数（137.32+26）/3.052=54（取整）
点火压力：54*3.052=164.81MPa
上起爆器压力设置：高值35.73MPa，中值：27.49MPa，低值：19.25MPa
3、射孔底界 7566米 温度176度,起爆器销钉值：3.75MPa/颗 销钉温度修正值：16.7% 温度修正后起爆器销钉值：3.75*（1-16.7%）=3.12MPa/颗
下起爆器静液柱压力：138.65MPa 销钉数（138.65+26）/3.12=53（取整）
点火压力：53*3.12=165.36MPa
下起爆器压力设置：高值：34.97MPa，中值：26.7MPa，低值：18.43MPa
射孔枪耐压210MPa

图 3.1　克深 131 井射孔管柱图 (7493～7566m)

在 TVD 为 7632～7665m 的射孔相位角为 60°,每周 6 个射孔,孔径为 8.3mm,轴向密度每米 20 孔。

考虑到随着位置越往下、套管柱的轴向压力越大,因此取模型的位置为 TVD=7665m。这里取"每周 6 孔、轴向密度每米 20 孔"为计算分析模型。

套管参数如表 3.1 所列。模型选取的 TVD=7665m 处的套管尺寸为：内径 115.52 mm，壁厚 12.09 mm。套管钢级为 TP140V，其屈服强度为 965MPa，泊松比为 0.25，弹性模量为 210GPa。

克深131井射孔管柱图

管柱	名称	钢级	内径 mm	外径 mm	上扣扣型	下扣扣型	壁厚 mm	数量	总长度 m	下深 m	备注
	钻杆		80.00	127	HT40	HT40		723	6936.514	6936.514	
	变扣接头		55.00	124	HT40	311		1	0.82	6937.334	
	变扣接头		54.00	124	310	2_7/8EUE		1	0.45	6937.784	
	油管		54.00	73	2_7/8EUE	2_7/8EUE		39	372.028	7309.812	
	校深短节		54.00	73	2_7/8EUE	2_7/8EUE		1	2	7311.812	
	油管		54.00	73	2_7/8EUE	2_7/8EUE		30	286.038	7597.85	
	校深短节		54.00	73.00	2_7/8EUE	2_7/8EUE		1	2	7599.85	
	油管		54.00	73	2_7/8EUE	2_7/8EUE		3	28.6	7628.45	
	筛管		54	93.00	2_7/8EUE	2_7/8EUE		1	0.56	7629.01	
	压力延时点火头		0	93.00	2_7/8UE	tr65x4		1	0.71	7629.72	
	安全枪		0	89.00	tr65x4	tr65x4		1	2.28	7632	
	射孔枪		0	89.00	tr65x4	tr65x4		3	13	7645	
	夹层枪		0	89.00	tr65x4	tr65x4		1	4	7649	
	射孔枪		0	89.00	tr65x4	tr65x4		4	16	7665	
	压力延时点火头		0	93.00	tr65x4			1	0.82		

备注:
为保证射孔顺利起爆,射孔枪首尾各安装一个压力延时起爆器。
上起爆器:56只剪钉,点火压力:170.12MPa,设计泵压:28.76MPa,最低泵压:20.25MPa,最高泵压:37.23MPa。
下起爆器:56只剪钉,点火压力:170.12MPa,设计泵压:28.15MPa,最低泵压:19.64MPa,最高泵压:36.65MPa。

图 3.2   克深 131 射孔管柱图 (7632~7665m)

射孔设计及施工情况书

施工层序	S1-1	施工井段 m	7632.00	-	7665.00	编写人		黄先齐
施工方式	钻杆传输	施工单位	塔里木勘探开发指挥部第二勘探公司测井分公司			审核人		谢宇
施工日期	2016-09-22	2016-10-01						

射孔设计及施工情况

通知到井时间	2016-9-21 20:23			接井时间		2016-9-26 15:0		
枪型	SQ-89	厂家	四川	射压Mpa	210.000	相位°	60.00	枪外径mm	89.00
弹型	89超高温弹	厂家	四川	射温℃/h	220.00	孔径mm	8.30	穿深 mm	890.00
孔密度 弹/米	16.00		设计弹数		464		实装弹数		424
井身结构			5 1/2(7000-7695)					
短套管位置								
射孔井段 m			7632-7645 7649-7665					
射孔层位	k1bs	射孔层数	2	射孔总厚度 m	29.00	坐封段套管规格 mm		
压井液性质	油基泥浆	密度 g/cm^3	1.89	粘度 mPa·s		液垫密度 g/cm^3		
最高压力 MPa	141.970	最高温度℃	178.00	总孔数	424	发射率 %		100.00
下完钻时短节底界深度Hz	7606.25	射孔枪对准层位短节底界深度Hm		7599.85	短节底界至首弹总零长Lo			32.15
测井短节底界实际深度Hc	7607.55	钻具伸长量Ls=Hc-Hz		1.30	钻具调整H=Hm-Hc			7.70
调整内容:			7632-(7607.55+32.15)=-7.7(上提)					
掏空深度△H(m)		测试阀距射孔顶长度H1(m)			射孔段高温T(℃)			178.00
射孔顶段垂深H(m)	7632.00	销钉常温剪切值F(MPa)		3.660	温度影响百分数A(%)			17.00
环空压力(Mpa)Pc=0.0098×H×D		141.97	油压(Mpa)Pt=0.0098×D×H1+0.098×d×(H-△H-H1)					141.36
射孔压差(Mpa)△P=Pc-Pt			剪销剪断修正值F1=F×(1-A)					3.04
压差起爆器				**静压起爆器**				
销钉数(颗)n=(△P+7)/F1=		56.00		销钉数(颗)n=(△P+7)/F1=				56.00
点火压差(MPa)P1=n×F1=		170.120		点火压差(MPa)P1=n×F1=				170.120

图 3.3   TVD 为 7493~7566m 的射孔设计参数

射孔设计及施工情况书

施工层序	S1压1(2)	施工井段 m	6588.00	-	6642.00	编写人		樊真明
施工方式	钻杆传输	施工单位		二勘测测井分公司		审核人		袁孝春
施工日期	2013-05-22	2013-05-26						

射孔设计及施工情况

通知到井时间		2013-5-22 19:4		接井时间		2013-5-23 10:5		
枪型	SQ-89	厂家	四川石油射孔器材	耐压Mpa	175.000	相位 °	60.00	枪外径mm	89.00
弹型	超二代先锋系列	厂家	四川石油射孔器材	耐温℃/h	200.00	孔径mm	8.30	穿深 mm	847.00
孔密 孔/米	20.00		设计弹数		157		实装弹数		157
井身结构			5_1/2"× (6197.90-6807) m						
短套管位置 m									
射孔井段 m			6588-6590, 6610-6612, 6627-6629, 6640-6642						
射孔层位	巴什基奇克组	射孔层数	4	射孔总厚度 m	8.00	坐封段套管规格 mm	139.70	
压井液性质	泥浆	密度 g/cm³	1.86	粘度 mPa.s		液垫密度 g/cm³	1.86	
最高压力 MPa	120.090	最高温度℃	168.00	总孔数	157	发射率 %	100.00	
下完钻时短节底界深度Hz	6578.49	射孔枪对准层位短节底界深度 Hm	6557.75	短节底界至首弹底零长 Lo	30.25	
测井短节底界实际深度Hc	6585.53	钻具伸长量 Ls=Hc-Hz	7.04	钻具调整 H=Hm-Hc	27.78	
调整内容:		管柱上提27.78米!						
掏空深度△H(m)	0.00	测试阀距射孔顶长度H1(m)		射孔段温度T(℃)	165.00	
射孔顶部垂深H(m)	6588.00	销钉常温剪切值F(MPa)	3.920	温度影响百分数A(%)	11.00	
环空压力(Mpa)Pc=0.0098×H×D	120.09	油压(Mpa)Pt=0.0098×D×H1+0.098×d×(H-△H-H1)		120.09	
射孔压差(Mpa)△P=Pc-Pt	0.00	剪销剪断修正值F1=F×(1-A)=		3.49	

图 3.4 TVD 为 7632~7665m 的射孔设计参数

表 3.1 套管参数取值表

公称尺寸 /in	公称尺寸 /mm	壁厚/ mm	内径/ mm	厂家/钢级/下深/m	扣型	通径/ mm	抗外挤/ MPa	抗内压/ MPa	备注
9-1/8	232.50	16.75	199	天钢/TP140V/ 0~208.85	TP-FJ	195.03	115	98	
7-3/4	196.85	12.70	171.45	天钢/TP140V/ 208.85~6901.86	TP-CQ	168.27	90	105	回接段套管
7-3/4	196.85	12.70	171.45	天钢/TP140/ 6901.86~7148.95	TP-CQ	168.27	90	105	悬挂段套管
8-1/8	206.38	17.25	171.86	天钢/TP140V/ 7148.95~7483.50	TP-FJ	168.68	146	105	
5-1/2	139.70	12.09	115.52	天钢/TP140V/ 7000.35~7695.00	TP-CQ	112.34	152.7	139	尾管

表 3.2 给出了初始地应力参数。考虑竖向地应力不影响套管，只给出了最小和最大两个水平主应力分量，分别为 145.65MPa 和 152.68MPa。套管内材料点的初始应力设为零。射孔时套管内壁最大压力 141.97MPa。在产气的时候管内压力变小，取最小的时候内压值 80MPa (压力系数 1.05)。

竖向 1m 20 个孔。竖向孔间隔为 0.05m。一周 6 个孔，周向孔间隔 60°。半圈 3 个孔，爬升 0.15m，2 个整孔 + 2 个半个的孔 (实际上是 1/4 孔)。

射孔的施工顺序：先射孔 7632~7665 井段，然后进行相关测试。测试完成后下桥塞封堵下部储层，之后再射孔 7493~7566 井段。

表 3.2　目的层初始地应力值

射孔簇	顶深/m	底深/m	厚度/m	漏失情况	最小水平主应力最小值/MPa	最小水平主应力均值/MPa	分级
6	7493	7503	10	/	154.28	156.80	2
5	7509	7519	10	/	151.81	157.27	2
4	7524	7532	8	/	144.98	157.79	2
3	7537	7545	8	7545.81m 7.7m³	144.99	151.41	1
2	7549	7557	8	/	144.84	154.06	1
1	7563	7566	3	/	145.65	152.68	1
备注					第一级 19m/3 段, 第二级 24m/3 段		

3.3　射孔段的有限元模型

采用的有限元模型如图 3.5 所示。因为距离较远的孔之间没有相互影响，为了降低工作量，对不必要的计算细节做了简化：仅取带有一个射孔的半个圆管的简化几何模型作为研究对象。

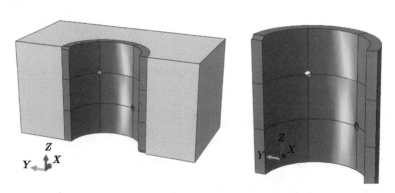

图 3.5　取半个圆管的简化几何模型作为研究对象

模型中包含套管和周围支撑两种材料。支撑材料参数值取水泥环和岩石地层材料属性参数的平均值。

图 3.6 为模型网格。为了模拟应力集中现象，选用 20 节点二次单元 C3D20R 来离散模型。共采用了 39576 个节点、8167 个单元。其中采用 10467 个节点、1792 个单元模拟套管部分，采用了 29109 个节点、6375 个单元离散周围环境支撑部分。

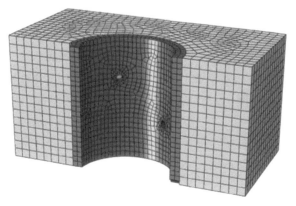

图 3.6 模型网格

图 3.7 给出了模型的边界条件和载荷的示意图。模型所受的载荷包括地应力、重力和套管内表面的压力载荷 P。压力载荷 P 同时作用在射孔表面上。模型的边界条件包括四个侧面及上下底面的位移约束。

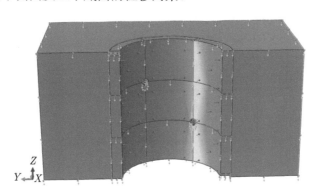

图 3.7 模型的边界条件和载荷的示意图

地应力的施加过程为：首先对没有套管的水泥环支撑部分施加初始地应力和重力，进行弹性平衡迭代计算，形成具有应力集中特性的井孔应力分布。然后在模型中置入套管。再之后施加套管表面压力载荷及射孔表面的压力载荷。

考虑到分析目的主要是用于将来产气阶段的磨蚀分析，这个模型的载荷里面选用了生产时的井底压力 80MPa 为模型管柱内表面的压力载荷值。

3.4 射孔段的有限元数值计算结果

图 3.8~图 3.11 给出了有限元数值计算的结果显示。为了方便比较，在下面的图 3.8、图 3.9 中，采用局部的圆柱坐标系来显示应力。图 3.8 给出了初始地应

力作用下地层和水泥环材料的应力分布。图 3.9 给出了具有应力集中特性模型内的应力分布。图 3.8 中可以看出：当远场地应力还是初始地应力值时，近场地应力已经发生了改变，由于内壁上的压力为零，径向应力变小了。

图 3.10 给出了植入套管之后，受内压的套管和地层及水泥环的各点上的应力分布状态。由于射孔周围的应力值和应力集中程度最大，地层和水泥环的应力集中看上去不再明显。

图 3.11 和图 3.12 分别给出了从套管内表面和外表面上看到的套管上射孔周围的应力集中。因为套管内侧受均布的压力，外部受的是非均布的地层和水泥环材料的反作用力即接触压力，所以从套管内部和外部看到的应力集中现象不一样。

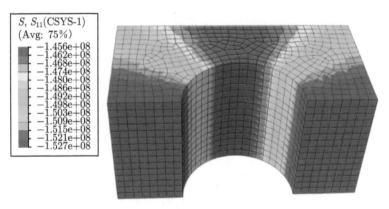

图 3.8　初始地应力应力分布云图

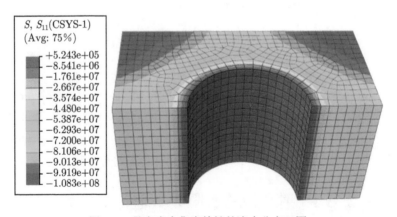

图 3.9　具有应力集中特性的应力分布云图

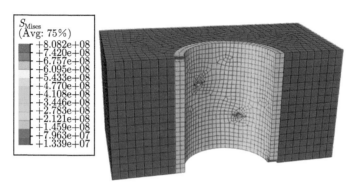

图 3.10 植入套管之后，受内压的套管和地层及水泥环的各点上的应力分布云图

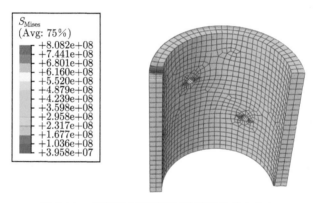

图 3.11 从套管内表面看射孔周围的应力集中

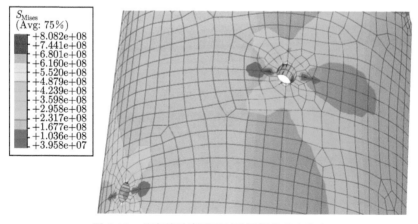

图 3.12 从套管外表面看射孔周围的应力集中

3.5   结   论

克深 131 井套管射孔周围应力集中分析结果表明，套管在射孔邻近有明显应力集中现象，S_{Mises} 应力最大值达到 808MPa。该值小于材料的屈服极限，处于弹性应力状态。套管的变形为弹性变形。

第 4 章　将三维有限元管柱力学分析方法应用于新井设计中

4.1　简　　介

本章将上述三维有限元管柱力学分析方法用于克深 241、133、134、605 四口新井的管柱力学设计校核计算，得到了相应的管柱应力分析数值结果以及三轴静强度安全系数。克深 133、克深 134、克深 605、克深 241 四口井的三轴应力安全系数最小值比较列于表 4.1 中。

表 4.1　四口新井的三轴应力安全系数最小值比较

		三轴应力安全系数最小值			说明
		有限元数值解	解析解	相对误差	
1	克深 133	1.63	1.511	7.3%	排量 3.5m^3/min
2	克深 134	1.586	1.509	4.9%	排量 3.5m^3/min
3	克深 605	2.04	1.623	20.4%	排量 3.5m^3/min
4	克深 241	1.56	1.514	2.9%	排量 3.5m^3/min

从表 4.1 的结果中可以得出下述结论。

(1) 三轴应力安全系数最小值有限元数值解和解析解两者整体接近。

(2) 有限元管柱变形结果显示了局部屈曲，屈曲管段选扣型时需要注意。必要时需要增大壁厚，提高刚度。

下面逐一介绍四口新井的管柱力学有限元模型和分析结果。

4.2　克深 133 井管柱力学有限元计算分析

4.2.1　问题描述

克深 133 井的管柱是用于完井–改造–试油一体化工程的管柱。本节对包括压裂改造–试油等阶段的管柱的力学行为进行三维有限元数值分析，得出管柱各处位移与应力等各力学量的数值解。在此基础上计算管柱各处的静强度安全系数。

4.2.2　有限元模型

本节介绍有限元分析中的结构模型、材料模型、边界条件和载荷条件等。分析中，管柱的有限元模型是基于商业软件 ABAQUS 来建立的。表 4.2 给出了管柱结构中套管和油管的几何参数。图 4.1 给出了管柱结构图。

表 4.2　套管和油管参数取值表

深度/m	套管最内层			下深/m	油管			间隙/mm	备注
	外径/mm	壁厚/mm	内径/mm		外径/mm	壁厚/mm	内径/mm		
0	206.38	17.25	171.88	0	114.3	12.7	88.9	28.79	
1300	206.38	17.25	171.88	1300	114.3	12.7	88.9	28.79	Itte1
2300	206.38	17.25	171.88	2300	114.3	9.65	95	28.79	
3511	206.38	17.25	171.88	3900	88.9	9.52	69.86	41.49	Itte2
6600	196.85	12.7	171.45	6600	88.9	7.34	74.22	41.275	TNT 液压封隔器位置
7400	196.85	12.7	171.45	7400	88.9	6.45	76	41.275	完井液 1.3g/cm^3
7540	196.85	12.7	171.45	7540	93.2	10	73.2	39.125	

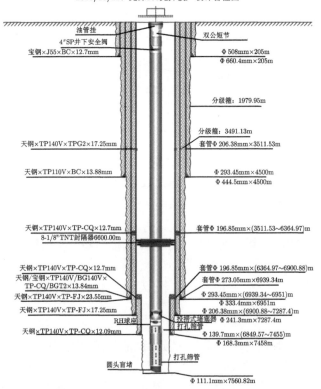

图 4.1　管柱结构图

　　闭合距随深度的变化如图 4.2(a)、图 4.2(b) 所示。在模型中考虑了闭合距的偏离值。表 4.3 给出了若干深度上的闭合距偏离峰值。图 4.2(b) 是深度 4000～6500m

的局部放大图，为的是进一步看清楚闭合距随深度的变化。根据图 4.2 的闭合距随深度的变化曲线，选取局部闭合距值变化较大、固井过程不能抹平的闭合距变化点，在有限元模型中予以模拟，以反映井孔轨迹/钻井质量对管柱力学行为的影响。表 4.3 给出了选取的在有限元模型中进行模拟的点的深度及其相应的闭合距变化值。

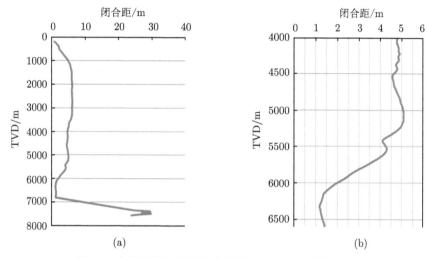

图 4.2　闭合距随深度的变化曲线 (a) 及局部放大图 (b)

表 4.3　在有限元模型中进行模拟的点的深度及其相应的闭合距值

TVD 深度范围/m	闭合距 x/m	深度点/m
0	0	0
0~4500	0	4500
4500~5000	0.5	5000
5000~5400	−0.5	5400
5400~5575	−0.3	5575
5575~6300	−3	6300
6300~7540	−3	7540

　　图 4.3 为三维有限元管柱模型图。管柱全长 7540m，封隔器位于深度 TVD = 6600m 的位置。图中的管柱截面上最多可以有 24 个应力点，本章分析中为了提高效率，仅选取 10 个有代表性的应力点来输出应力并进行分析。

　　油管管柱全长采用了 5029 个节点、2514 个 PIPE32H 二次管单元。油管和套管之间设置了 5027 个接触单元，用于模拟油管–套管之间可能的接触摩擦。摩擦系数取为 0.25。

　　该油管钢级为 BT-S13Cr110，有限元模型中材料为弹塑性模型，其参数取值见表 4.4。

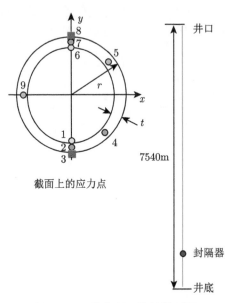

截面上的应力点

图 4.3　三维有限元管柱模型图

表 4.4　材料弹塑性模型参数取值

屈服强度		抗拉强度		弹性性能	
最大	最小	最大	最小	杨氏模量	泊松比
125000psi (862MPa)	110000psi (758MPa)	120000psi (828MPa)		31290ksi (215700MPa)	0.3
130000psi (896MPa)	109000psi (750MPa)	129000psi (890MPa)		31290ksi (215700MPa)	0.3

注：热膨胀系数取值为 $1.05 \times 10^{-5} {}^\circ\mathrm{C}^{-1}$。

1. 边界条件

管柱模型为井口位移约束以及封隔器处位移约束，其他地方为力边界。

2. 载荷条件

管柱模型受力为重力、内外压力、温度变化引起的应力以及浮力。TNT 液压封隔器的局部作用力在整体管柱模型中忽略不计。

改造时管柱中的温度分布和生产时的压力分布曲线用图 4.4 的近似曲线表示。改造压裂时和开井试油时的温度曲线如图 4.5 所示。

表 4.5～表 4.8 分别给出了模型中用到的坐封前、压裂时、试油阶段共三个不同的施工阶段中的油套–套管压力、温度和地层孔隙压力参数取值。

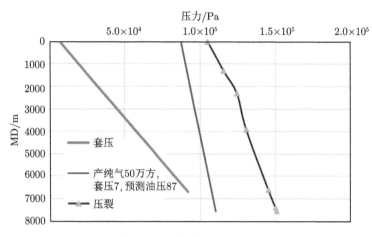

图 4.4 克深 133 井油管内压及套压分布图

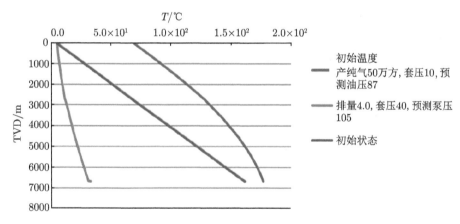

图 4.5 坐封前、改造时和放喷时的温度分布曲线

表 4.5 坐封前油套－套管压力参数

坐封前	保护液密度 1.3g/cm³	封隔器处 TVD = 6600m	
		井口	井底/7540m
	套压/MPa	0	96.0596
	油压/MPa	0	96.0596

表 4.6 压裂时油套－套管压力参数

		井口	井底/7540m	封隔器/6600 TVD
压裂液密度 1.05g/cm³	pp1 静水压/MPa	0.00	77.59	
压裂时	套压/MPa	60.00		126.12
	油压/MPa	112.00	152.59	133.56
压裂时环空保护液密度 1.3gkm³	pp2 静水压/MPa	0		84.08

表 4.7　试油时油套－套管压力参数

		井口	井底/7540m	封隔器/6600 TVD 的地方
试油时	套压/MPa	7.00		91.08
	油压/MPa	87	110.4	107

表 4.8　温度和地层孔隙压力参数

井口温度/℃	5
地层温度/℃	182
目的层中深/m	7496.5
地层压力系数	1.86
地层压力/MPa	139
生产压差	29MPa

4.2.3　有限元分析结果

下面的图 4.6~ 图 4.12 给出了压裂阶段和试油生产阶段的管柱力学有限元分析结果。

1. 管柱的位移分布数值解

图 4.6 给出了压裂阶段和试油阶段沿油管柱全长各点的位移 U_3 的分布曲线。图中 $U.U_3$-HF 曲线为压裂阶段各点的轴向/竖向位移沿全长的分布。图中 $U.U_3$-PR 为试油阶段各点的轴向/竖向位移沿全长的分布。在 TVD = 6600m 的地方为封隔器所在位置。这个点的位移值 −11.14m 是在坐封前发生的。在压裂和试油阶段这个点受约束，位移没有变化。

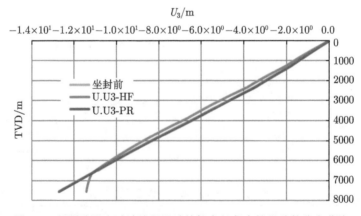

图 4.6　压裂阶段和试油阶段沿油管柱全长各点的位移的分布曲线

图 4.7 给出了压裂阶段和试油阶段沿油管柱全长各点的横向位移 U_1 的分布曲线。油管柱的横向位移由于受到套管的约束，其值小于等于油套–套管间隙的

值。由于闭合距偏离的原因,所以部分管柱段上的节点横向位移大于间隙值。从图中看出,油管柱设计刚度足够,没有发生屈曲行为。

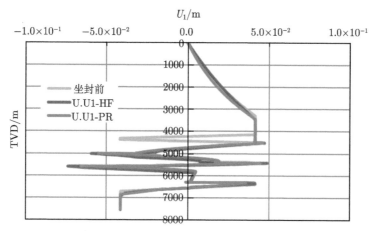

图 4.7 压裂阶段和试油阶段沿油管柱全长各点的横向位移 U_1 的分布曲线

2. 压裂阶段管柱的应力分量数值解

图 4.8 给出了压裂时管柱截面 9 个应力点上的等效应力 S_{Mises} 沿管柱全长的分布,其最大值为 465MPa (TVD 位置:2341.4m)。根据表 4.4 中的初始屈服强度值 758MPa,压裂改造时管柱应力处于弹性应力状态。此时的静强度安全系数 N_{s} 为

$$N_{\text{s}} = 758/465 = 1.63,\text{危险截面位于 TVD} = 2341.4\text{m}$$

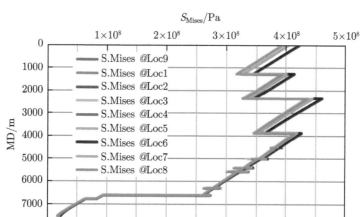

图 4.8 压裂时管柱截面各应力点上等效应力 S_{Mises} 沿管柱全长的分布

　　图 4.9 给出了压裂时管柱轴向力 S_{11} 沿管柱全长的分布。图 4.10 为 S_{11} 沿管柱全长的分布在深度 MD 为 5300~5600m 的局部放大图。从图 4.9、图 4.10 中可以看出，位置 Loc2 上的 S_{11} 应力有局部振荡。MD = 5403m 处的应力振荡幅度的值为 $\sigma_{\mathrm{a}} = 246 - 232 = 14(\mathrm{MPa})$，平均应力 $\sigma_{\mathrm{m}} = 219\mathrm{MPa}$，在 MD = 5562m 处的应力振荡幅度的值为 $\sigma_{\mathrm{a}} = 234 - 219 = 15(\mathrm{MPa})$，$\sigma_{\mathrm{m}} = 219\mathrm{MPa}$。

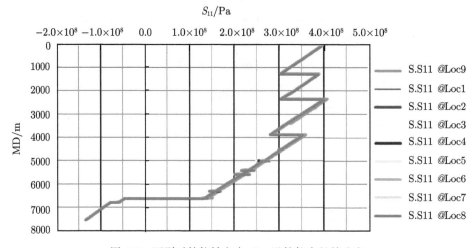

图 4.9　压裂时管柱轴向力 S_{11} 沿管柱全长的分布

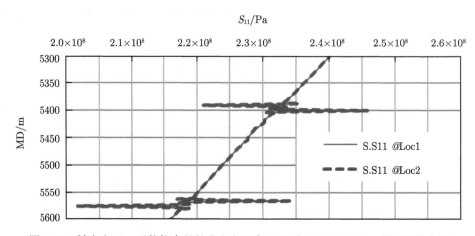

图 4.10　轴向力 S_{11} 沿管柱全长的分布在深度 MD 为 5300~5600m 的局部放大图

3. 试油阶段管柱的应力分量数值解

　　图 4.11 给出了开井试油时管柱截面各应力点上等效应力 S_{Mises} 沿管柱全长的分布。得到的等效应力最大值为 370MPa(TVD 位置：井口)。根据表 4.4 中的

初始屈服强度值 758MPa，管柱应力处于弹性应力状态。此时的静强度安全系数 N_s 为

$$N_\mathrm{s} = 758/370 \approx 2.05，危险截面位于井口$$

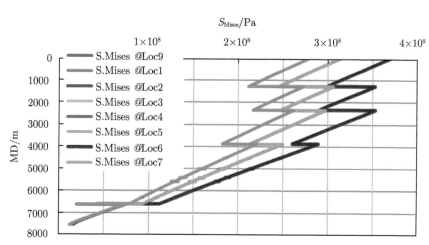

图 4.11　试油时管柱截面各应力点上等效应力 S_Mises 沿管柱全长的分布

图 4.12 给出了试油时管柱轴向力 S_{11} 沿管柱全长的分布。图 4.13 为 S_{11} 沿管柱全长的分布在深度 MD 为 5350~5650m 的局部放大图。应力点位置 loc4 和 loc8 等点上的 S_{11} 应力有局部振荡。MD = 5400m 处的振荡幅度的值为 $\sigma_\mathrm{a} = 65.7 - 57 = 8.7(\mathrm{MPa})$，平均应力 $\sigma_\mathrm{m} = 57\mathrm{MPa}$，MD = 5575m 处的振荡幅度的值为 $\sigma_\mathrm{a} = 54 - 44.3 = 9.7(\mathrm{MPa})$，$\sigma_\mathrm{m} = 44.3\mathrm{MPa}$。

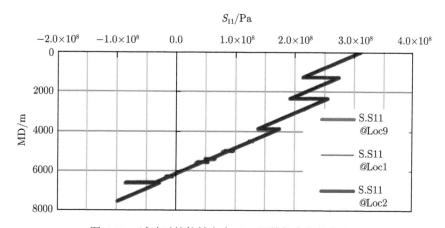

图 4.12　试油时管柱轴向力 S_{11} 沿管柱全长的分布

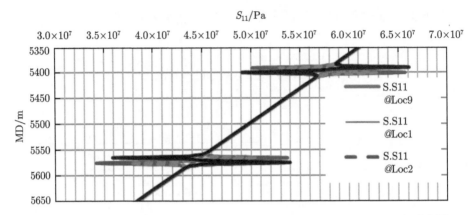

图 4.13　轴向力 S_{11} 沿管柱全长的分布在深度 MD 为 5350~5650m 的局部放大图

4.2.4　小结

根据上述有限元管柱力学分析结果，得出下述结论：

(1) 在压裂改造阶段，管柱各点的 S_{Mises} 等效应力最大值为 465MPa，管柱的静强度安全系数 N_s 在压裂阶段为 1.63。危险截面位置深度为 2341.4m。

(2) 在试油阶段，管柱各点的 S_{Mises} 等效应力最大值为 370MPa，管柱的静强度安全系数 N_s 在试油阶段为 2.04。危险截面位置为井口。

(3) 建议在深度 5575m 和 5400m 两处位置上，附近 20m 的管柱采用更高一级的耐腐蚀、高强度合金钢。

4.3　克深 134 井管柱力学有限元计算分析

4.3.1　问题描述

克深 134 井的管柱是用于完井–改造–试油一体化工程的管柱。

本节对包括压裂改造-试油等阶段的管柱的力学行为进行三维有限元数值分析，得出管柱各处位移与应力等各力学量的数值解。在此基础上计算管柱各处的静强度安全系数。

4.3.2　有限元模型

本节介绍有限元分析中的结构模型、材料模型、边界条件和载荷条件等。分析中，管柱的有限元模型是基于商业软件 ABAQUS 来建立的。表 4.9 给出了管柱结构中套管和油管的几何参数。图 4.14 给出了管柱结构图。

表 4.9 套管和油管参数取值表

深度/m	套管最内层			下深/m	油管			间隙/mm
	外径/mm	壁厚/mm	内径/mm		外径/mm	壁厚/mm	内径/mm	
0	206.38	17.25	171.88	0	114.3	12.7	88.9	28.79
1600	206.38	17.25	171.88	1600	114.3	12.7	88.9	28.79
2500	206.38	17.25	171.88	2500	114.3	9.65	95	28.79
3500	206.38	17.25	171.88	3000	114.3	8.56	97.18	28.79
6461.64	196.85	12.7	171.45	4300	88.9	9.52	69.86	41.275
6996	139.7	12.09	115.52	6996	88.9	7.34	74.22	13.31
7400	139.7	12.09	115.52	7400/封隔器位置	73.02	7.01	59	21.25
7440	139.7	12.09	115.52	7440	73.02	7.01	59	21.25
7690	139.7	12.09	115.52					

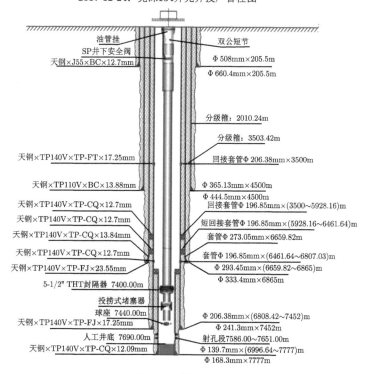

图 4.14 管柱结构图

闭合距随深度的变化如图 4.15 所示。在模型中考虑了闭合距的偏离值。表 4.10 给出了选取的在有限元模型中进行模拟的点的深度及其相应的闭合距变化值。

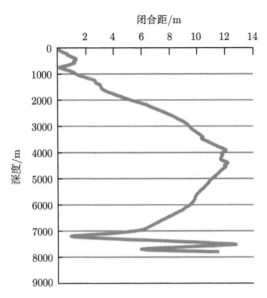

图 4.15 闭合距随深度的变化随深度的分布曲线

表 4.10 在有限元模型中进行模拟的点的深度及其相应的闭合距值

点号	深度/m	闭合距/m
1	0	0
2	200	0
3	700	1
4	850	0
5	4000	11
6	4600	11
7	7175	2
8	7450	11
9	7750	11

图 4.16 为三维有限元管柱模型图。管柱全长 7750m，封隔器位于深度 TVD = 7400m 的位置。图中的管柱截面上最多可以有 24 个应力点，本章分析中为了提高效率，仅选取 9 个有代表性的应力点来输出应力并进行分析。

管柱全长采用了 5235 个节点、2617 个 PIPE32H 二次管单元。油管和套管之间设置了 5027 个接触单元，用于模拟油管–套管之间可能的接触摩擦。摩擦系数取为 0.25。

该套管钢级为 BT-S13Cr110，有限元模型中材料为弹塑性模型。热膨胀系数取值为 $1.05 \times 10^{-5} \, {}^{\circ}\mathrm{C}^{-1}$。

图 4.16 三维有限元管柱模型图

1. 边界条件

管柱模型为井口位移约束以及封隔器处为位移约束。其他地方为力边界。

2. 载荷条件

管柱模型受力为重力、内外压力、温度变化引起的应力以及浮力。TNT 液压封隔器的局部作用力在整体管柱模型中忽略不计。

图 4.17 三条曲线分别给出了模型中用到的坐封前、压裂时、试油阶段共三个不同的施工阶段中的油管压力参数取值。表 4.11 给出了地层温度和地层压力参数取值。表 4.12 给出了各个阶段的井口油压和套压的值。

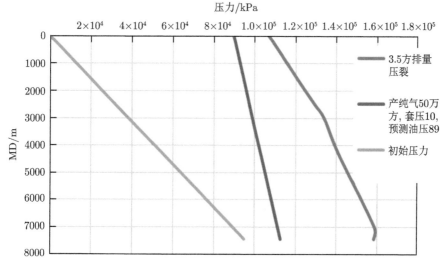

图 4.17 克深 134 井油管内压及套压分布图

表 4.11   地层温度和地层压力参数

作业井段/m	7586~7651	
目的层中深/m	7618.5	
地层压力系数	1.86	
井口温度/℃	5	当地实际地面温度
地层温度/℃	185	

表 4.12   各个阶段的井口油压和套压的值

工况	油压/MPa	套压/MPa
排量 3.5m³/min	107	49
产纯气 50.0×10⁴m³/d	89	5

改造时管柱中的温度分布和生产时的温度分布曲线用图 4.18 的曲线表示。改造压裂时和开井试油时的压力曲线按近似分段直线分布。

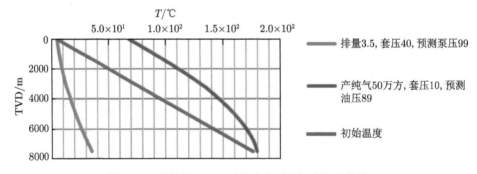

图 4.18   坐封前、改造时和生产时的温度分布曲线

4.3.3   有限元分析结果

图 4.19～ 图 4.25 给出了压裂阶段和试油生产阶段的管柱力学有限元分析结果。

1. 管柱的位移分布数值解

图 4.19 给出了压裂阶段和试油阶段沿油管柱全长各点的位移 U_3 的分布曲线。图中 U.U3-HF 曲线为压裂阶段各点的轴向/竖向位移沿全长的分布。图中 U.U3-PR 为试油阶段各点的轴向/竖向位移沿全长的分布。在 TVD = 7400m 的地方为封隔器所在位置。这个点的位移值 −12.514m 是在坐封前发生的。在压裂和试油阶段这个点受约束，位移没有变化。

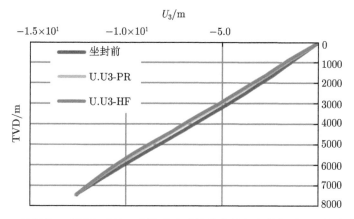

图 4.19 坐封前、压裂和试油三个阶段沿油管柱全长各点的位移 U_3 的分布曲线

图 4.20 给出了压裂阶段和试油阶段沿油管柱全长各点的横向位移 U_1 的分布曲线。油管柱的横向位移由于受到套管的约束，其值小于等于油管–套管间隙的值。由于闭合距偏离，所以部分管柱段上的节点横向位移大于间隙值。从图 4.20 看出，油管柱设计刚度足够，没有发生明显的屈曲行为。

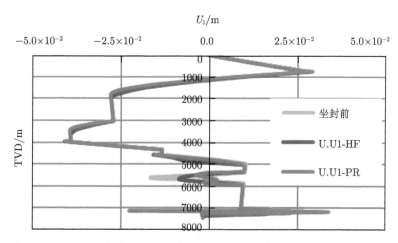

图 4.20 压裂阶段和试油阶段沿油管柱全长各点的横向位移 U_1 的分布曲线

2. 压裂阶段管柱的应力分量数值解

图 4.21 给出了压裂时管柱截面 9 个应力点上的等效应力 S_{Mises} 沿管柱全长的分布，其最大值为 478MPa (深度位置：3018.6m)。根据表 4.4 中的初始屈服强度值 758MPa，压裂改造时管柱应力处于弹性应力状态。此时的静强度安全系数 N_s 为

$$N_s = 758/478 = 1.586，危险截面位于深度 3018.6m$$

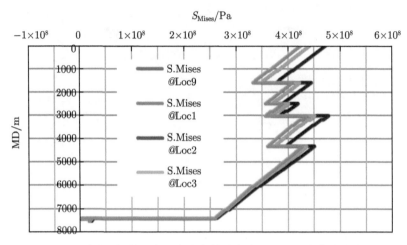

图 4.21　压裂时管柱截面各应力点上等效应力 S_{Mises} 沿管柱全长的分布

图 4.22 给出了压裂时管柱轴向力 S_{11} 沿管柱全长的分布。从图 4.22 可以看出，管柱轴向力没有振荡现象。

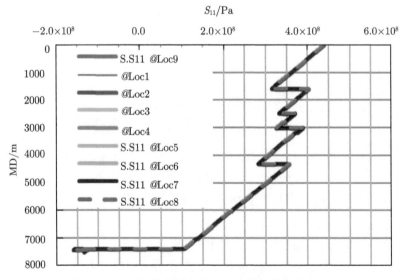

图 4.22　压裂时管柱轴向力 S_{11} 沿管柱全长的分布

3. 试油阶段管柱的应力分量数值解

图 4.23 给出了开井试油时管柱截面各应力点上等效应力 S_{Mises} 沿管柱全长的分布。得到的等效应力最大值为 410MPa (TVD 位置: 井口)。根据表 4.4 中的初始屈服强度值 758MPa, 管柱应力处于弹性应力状态。此时的静强度安全系数 N_s 为

$$N_s = 758/410 = 1.849,\ 危险截面位于井口$$

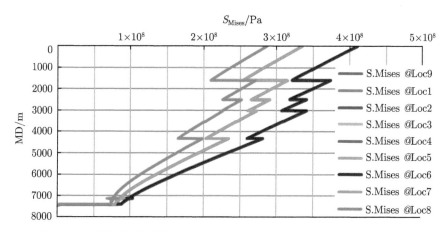

图 4.23 试油时管柱截面各应力点上等效应力 S_{Mises} 沿管柱全长的分布

图 4.24 给出了试油时管柱轴向力 S_{11} 沿管柱全长的分布。图 4.25 为 S_{11} 沿管柱全长的分布在深度 MD 为 7000~7200m 的局部放大图。在 7121m 处的应力振荡值幅度的值为 $\sigma_a = 146 - 131 = 15\text{MPa}$, 平均应力 $\sigma_m = 131\text{MPa}$。

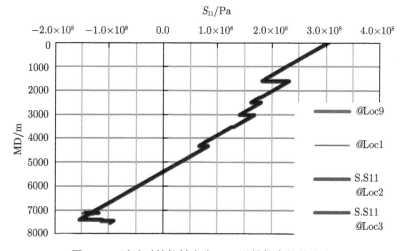

图 4.24 试油时管柱轴向力 S_{11} 沿管柱全长的分布

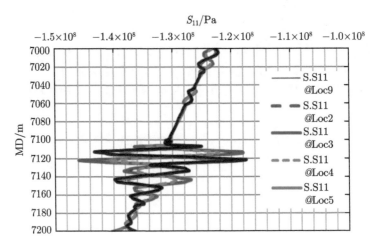

图 4.25　轴向力 S_{11} 沿管柱全长的分布在深度 MD 为 7000~7200m 的局部放大图

4.3.4　小结

根据上述有限元管柱力学分析结果，得出下述结论。

(1) 在压裂改造阶段，管柱各点的 S_{Mises} 等效应力最大值为 478MPa，管柱的静强度安全系数 N_{s} 在压裂阶段为 1.586。危险截面位置深度为 3018.6m。轴向应力没有振荡现象。

(2) 在试油阶段，管柱各点的 S_{Mises} 等效应力最大值为 410MPa，管柱的静强度安全系数 N_{s} 在压裂阶段为 1.849。危险截面位置为井口。轴向应力在深度 7120m 处有振荡现象。

(3) 建议在深度 7120m 位置上，附近 20m 的管柱采用更高一级的耐腐蚀、高强度合金钢。

4.4　克深 241 井管柱力学有限元计算分析

4.4.1　问题描述

克深 241 井的管柱是用于完井–改造–试油一体化工程的管柱。本节对包括压裂改造–试油等阶段的管柱的力学行为进行三维有限元数值分析，得出管柱各处位移与应力等各力学量的数值解。在此基础上计算管柱各处的静强度安全系数。

4.4.2　有限元模型

本节介绍有限元分析中的结构模型、材料模型、边界条件和载荷条件等。分析中，管柱的有限元模型是基于商业软件 ABAQUS 来建立的。表 4.13 给出了管柱结构中套管和油管的几何参数。图 4.26 给出了管柱结构图。

表 4.13 套管和油管参数取值表

深度/m	套管最内层			下深/m	油管			间隙/mm	备注
	外径/mm	壁厚/mm	内径/mm		外径/mm	壁厚/mm	内径/mm		
0	206.38	17.25	171.88	0	114.3	12.7	88.9	28.79	
950	206.38	17.25	171.88	950	114.3	12.7	88.9		
1200	206.38	17.25	171.88	1200	114.3	9.65	95		
2700	206.38	17.25	171.88	2700	88.9	9.52	69.86	41.49	
6050	196.85	12.7	171.45	6050	88.9	7.34	74.22		THT 液压封隔器位置
6690	196.85	12.7	171.45	6690	73.02	7.01	59	49.215	完井液 1.2g/cm³
6720	196.85	12.7	171.45						

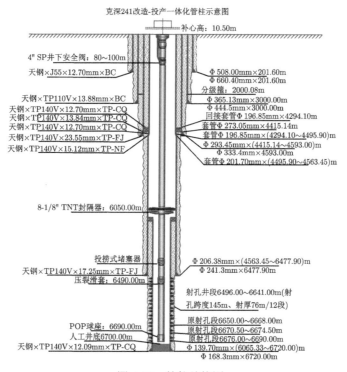

图 4.26 管柱结构图

闭合距随深度的变化如图 4.27 所示。在模型中考虑了闭合距的偏离值。表 4.14 给出了选取的在有限元模型中进行模拟的点的深度及其相应的闭合距变化值。

图 4.28 为三维有限元管柱模型图。管柱全长 6720m，封隔器位于深度 TVD = 6050m 的位置。图中的管柱截面上最多可以有 24 个应力点，本节分析中为了提高效率，仅选取 9 个有代表性的应力点来输出应力并进行分析。

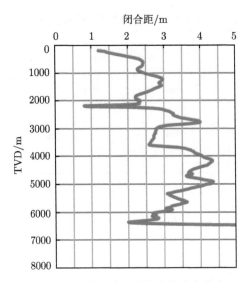

图 4.27　闭合距随深度的变化分布曲线

表 4.14　在有限元模型中进行模拟的点的深度及其相应的闭合距值

点号	深度/m	闭合距/m	
1	0	1.2	
2	1000	2.5	
3	2160	1	
4	2775	3.8	
5	3000	2.7	
6	3500	2.7	
7	4200	4.2	
8	4700	3.6	
9	4900	4.2	
10	5400	3.2	
11	6000	2.75	
12	6720	2.75	6050 封隔器位置

图 4.28　三维有限元管柱模型图

油管管柱全长采用了 4483 个节点、2241 个 PIPE32H 二次管单元。油管和套管之间设置了 4463 个接触单元，用于模拟油管–套管之间可能的接触摩擦。摩擦系数取为 0.25。该油管钢级为 BT-S13Cr110，有限元模型中的材料为弹塑性模型。热膨胀系数取值为 $1.05 \times 10^5 °C^{-1}$。

管柱模型为井口位移约束以及封隔器处位移约束。其他地方为力边界。管柱模型受力为重力、内外压力、温度变化引起的应力以及浮力。TNT 液压封隔器的局部作用力在整体管柱模型中忽略不计。

图 4.29 三条曲线分别给出了模型中用到的坐封前、压裂时、试油阶段共三个不同的施工阶段中的油管压力参数取值。表 4.15 给出了地层温度和地层压力参数取值。表 4.16 给出了各个阶段的井口油压和套压的值。

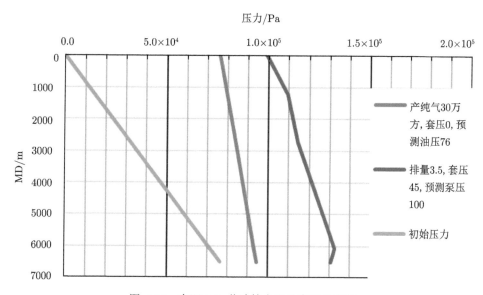

图 4.29 克深 241 井油管内压及套压分布图

表 4.15 地层温度和地层压力参数

作业井段/m	6492~6690	
目的层中深/m	6591	
地层压力系数	1.67	
井口温度/°C	5	当地实际地面温度
地层温度/°C	168.1	

表 4.16　各个阶段的井口油压和套压的值

工况	油压/MPa	套压/MPa
排量 3.5m³/min	100	45
产纯气 30.0×10⁴m³/d	76	0

　　改造时管柱中的温度分布和生产时的温度分布曲线用图 4.30 的近似曲线表示。

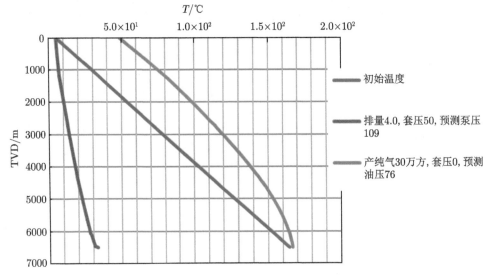

图 4.30　坐封前、改造时和生产时的温度分布曲线

4.4.3　有限元分析结果

　　图 4.31～ 图 4.40 给出了压裂阶段和试油生产阶段的管柱力学有限元分析结果。图 4.31 给出了压裂阶段和试油阶段沿油管柱全长各点的位移 U_3 的分布曲线。图 4.31 中 U.U3-HF 曲线为压裂阶段各点的轴向/竖向位移沿全长的分布。图 4.31 中 U.U3-PR 为试油阶段各点的轴向/竖向位移沿全长的分布。在 TVD = 6050m 的地方为封隔器所在位置。这个点的位移值 −9.808m 是在坐封前发生的。在压裂和试油阶段这个点受约束，位移没有变化。图 4.32 给出了压裂阶段和试油阶段沿油管柱全长各点的横向位移 U_1 的分布曲线。油管柱的横向位移由于受到套管的约束，其值小于等于油管-套管间隙的值。由于闭合距偏离，所以部分管柱段上的节点横向位移大于间隙值。从图中看出，油管柱设计刚度足够，没有发生明显的屈曲行为。

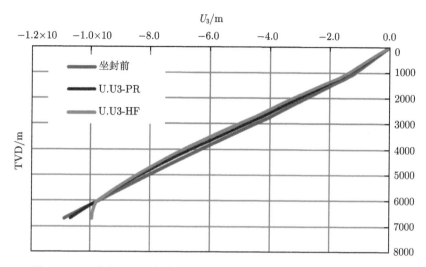

图 4.31 压裂阶段和试油阶段沿油管柱全长各点的位移 U_3 的分布曲线

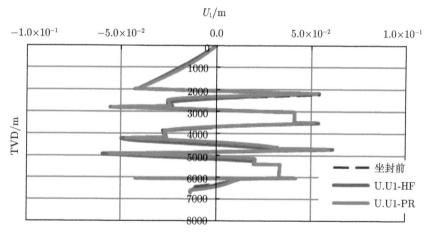

图 4.32 压裂阶段和试油阶段沿油管柱全长各点的横向位移 U_1 的分布曲线

1. 压裂阶段管柱的应力分量数值解

图 4.33 给出了压裂时管柱截面 9 个应力点上的等效应力 S_{Mises} 沿管柱全长的分布,其最大值为 486MPa (TVD 位置:1210m)。根据表 4.4 中的初始屈服强度值 758MPa,压裂改造时管柱应力处于弹性应力状态。此时的静强度安全系数 N_s 为

$$N_s = 758/486 = 1.56,危险截面位于 \text{TVD} = 1210\text{m}$$

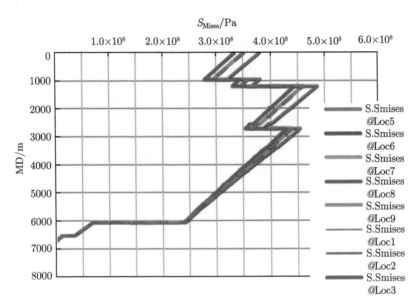

图 4.33　压裂时管柱截面各应力点上等效应力 S_{Mises} 沿管柱全长的分布

图 4.34 给出了压裂时管柱轴向力 S_{11} 沿管柱全长的分布。从图中可以看出，管柱轴向力没有振荡现象。

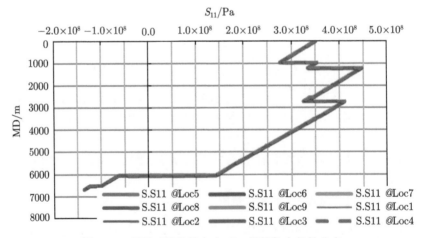

图 4.34　压裂时管柱轴向力 S_{11} 沿管柱全长的分布

2. 试油阶段管柱的应力分量数值解

图 4.35 给出了开井试油时管柱截面各应力点上等效应力 S_{Mises} 沿管柱全长的分布。得到的等效应力最大值为 350MPa (TVD 位置：121m)。根据表 4.4 中

的初始屈服强度值 758MPa，管柱应力处于弹性应力状态。此时的静强度安全系数 N_s 为

$$N_s = 758/350 = 2.166，危险截面位于深度 1210m$$

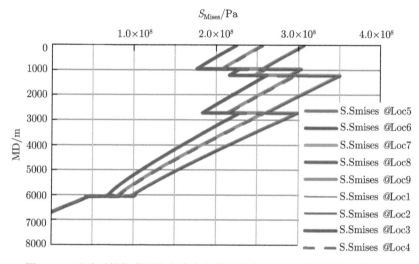

图 4.35 试油时管柱截面各应力点上等效应力 S_{Mises} 沿管柱全长的分布

图 4.36 给出了试油时管柱轴向力 S_{11} 沿管柱全长的分布。图 4.37 为 S_{11} 沿管柱全长的分布在深度 MD 为 5900~6100m 的局部放大图。在 6024m 处的轴向应力分布出现振荡现象，说明此处有局部弹性屈曲现象出现。应力振荡幅度的值为 $\sigma_a = 46.4 - 23.7 = 22.7$MPa，平均应力 $\sigma_m = 46.4$MPa。

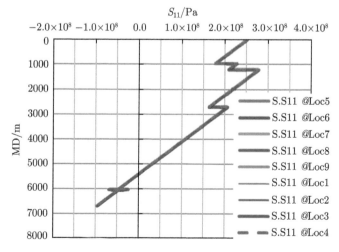

图 4.36 试油时管柱轴向力 S_{11} 沿管柱全长的分布

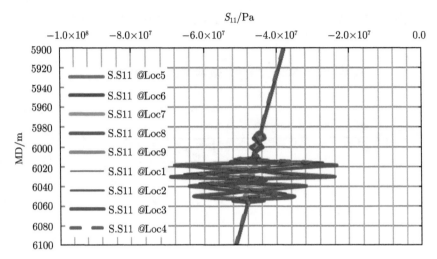

图 4.37　轴向力 S_{11} 沿管柱全长的分布在深度 MD 为 5900~6100m 的局部放大图

4.4.4　小结

根据上述有限元管柱力学分析结果，得出下述结论。

(1) 在压裂改造阶段，管柱各点的 S_{Mises} 等效应力最大值为 486MPa，管柱的静强度安全系数 N_{s} 在压裂阶段为 1.56。危险截面位置深度为 1210m。轴向应力没有振荡现象。

(2) 在试油阶段，管柱各点的 S_{Mises} 等效应力最大值为 350MPa，管柱的静强度安全系数 N_{s} 在试油阶段为 2.166。危险截面位置为在深度 1210m 处。轴向应力在深度 5980~6050m 处有振荡现象。

(3) 建议在深度 6020m 位置上，附近 20m 的管柱采用更高一级的耐腐蚀、高强度合金钢。

4.5　克深 605 井管柱力学有限元计算分析

4.5.1　问题描述

克深 605 井的管柱是用于完井–改造–试油一体化工程的管柱。本节对包括压裂改造–试油等阶段的管柱的力学行为进行三维有限元数值分析，得出管柱各处位移与应力等各力学量的数值解。在此基础上计算管柱各处的静强度安全系数。

4.5.2　有限元模型

本节介绍有限元分析中的结构模型、材料模型、边界条件和载荷条件等。分析中，管柱的有限元模型是基于商业软件 ABAQUS 来建立的。表 4.17 给出了管柱结构中套管和油管的几何参数。图 4.38 给出了克深 605 井管柱结构图。

表 4.17　套管和油管参数取值表

套管最内层				油管				间隙/mm	备注
下深度/m	外径/mm	壁厚/mm	内径/mm	下深/m	外径/mm	壁厚/mm	内径/mm		
0	196.85	12.7	171.45	0	114.3	12.7	88.9	28.575	
	196.85	12.7	171.45	1500	114.3	12.7	88.9	28.575	
	196.85	12.7	171.45	2500	114.3	8.56	97.18	28.575	
	196.85	12.7	171.45	3600	88.9	9.52	69.86	41.275	
	196.85	12.7	171.45		88.9	7.34	74.22	41.275	
	196.85	12.7	171.45		88.9	7.34	74.22	41.275	
5215	206.38	17.25	171.88		88.9	7.34	74.22	41.275	
5590	145.6	15.4	114.8	5590	88.9	7.34	74.22	41.275	THT 液压封隔器位置
	145.6	15.4	114.8	5680	93	10	73	39.44	完井液 1.2g/cm³
5730	145.6	15.4	114.8						

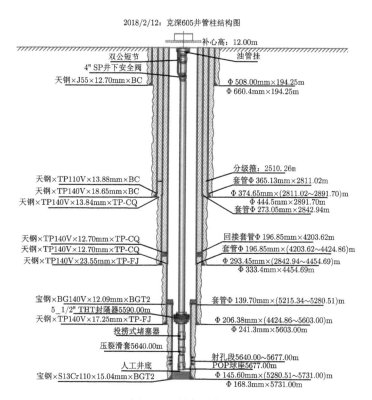

图 4.38　管柱结构图

　　闭合距随深度的变化如图 4.39 所示。在模型中考虑了闭合距的偏离值。表 4.18 给出了选取的在有限元模型中进行模拟的点的深度及其相应的闭合距变化值。

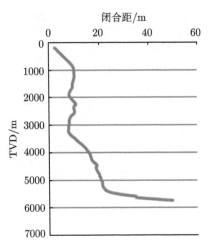

图 4.39　闭合距随深度的变化分布曲线

图 4.40 为三维有限元管柱模型图。管柱全长 5730m，封隔器位于深度 TVD ＝ 5590m 的位置。图中的管柱截面上最多可以有 24 个应力点，本章分析中为了提高效率，仅选取 9 个有代表性的应力点来输出应力并进行分析。

图 4.40　三维有限元管柱模型图

表 4.18　在有限元模型中进行模拟的点的深度及其相应的闭合距值

点号	深度/m	闭合距/m
1	0	0
2	3200	8
3	5400	23
4	5729	50
	5590 封隔器位置	

油管管柱全长采用了 3821 个节点、1910 个 PIPE32H 二次管单元。油管和套管之间设置了 3787 个接触单元，用于模拟油管–套管之间可能的接触摩擦。摩擦系数取为 0.25。该油管钢级为 BT-S13Cr110，有限元模型中的材料为弹塑性模型。热膨胀系数取值为 1.05×10^{-5}℃$^{-1}$。

1. 边界条件

管柱模型为井口位移约束以及封隔器处位移约束。其他地方为力边界。

2. 载荷条件

管柱模型受力为重力、内外压力、温度变化引起的应力以及浮力。TNT 液压封隔器的局部作用力在整体管柱模型中忽略不计。

图 4.41 三条曲线分别给出了模型中用到的坐封前、压裂时、试油阶段共三个不同的施工阶段中的油管压力参数取值。表 4.19 给出了地层温度和地层压力参数取值。表 4.20 给出了各个阶段的井口油压和套压的值。

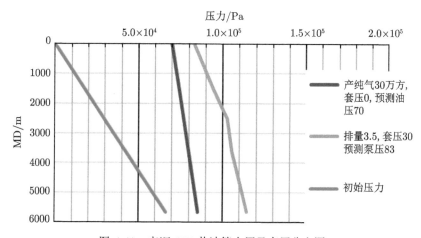

图 4.41　克深 605 井油管内压及套压分布图

表 4.19　地层温度和地层压力参数

作业井段/m	5640~5677	
目的层中深/m	5614	
地层压力系数	1.75	
压井液密度/(g/cm³)	1.85	
井口温度/℃	5	当地实际地面温度
地层温度/℃	141.7	

表 4.20　各个阶段的井口油压和套压的值

工况	油压/MPa	套压/MPa
排量 3.5m³/min	83	30
产纯气 00.0×10⁴m³/d	70	0

压裂改造时管柱中的温度分布和生产时的温度分布曲线用图 4.42 的近似曲线表示。

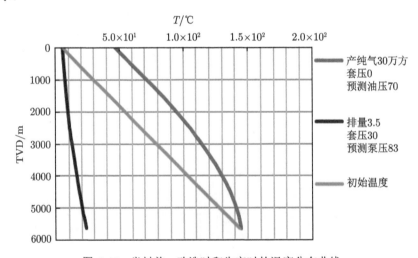

图 4.42　坐封前、改造时和生产时的温度分布曲线

4.5.3　有限元分析结果

下面的图 4.43~图 4.50 给出了压裂阶段和试油生产阶段的管柱力学有限元分析结果。

1. 管柱的位移分布数值解

图 4.43 给出了压裂阶段和试油阶段沿油管柱全长各点的位移 U_3 的分布曲线。图 4.43 中 U.U3-HF 曲线为压裂阶段各点的轴向/竖向位移沿全长的分布。图 4.43 中 U.U3-PR 为试油阶段各点的轴向/竖向位移沿全长的分布。在 TVD =

5590m 的地方为封隔器所在位置。这个点的位移值 $-7.402m$ 是在坐封前发生的。在压裂和试油阶段这个点受约束，位移没有变化。

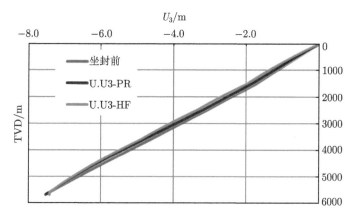

图 4.43 压裂阶段和试油阶段沿油管柱全长各点的位移 U_3 的分布曲线

图 4.44 给出了压裂阶段和试油阶段沿油管柱全长各点的横向位移 U_1 的分布曲线。油管柱的横向位移由于受到套管的约束，其值小于等于油管–套管间隙的值。由于闭合距偏离，所以部分管柱段上的节点横向位移大于间隙值。从图中看出，油管柱设计刚度足够，没有发生明显的屈曲行为。

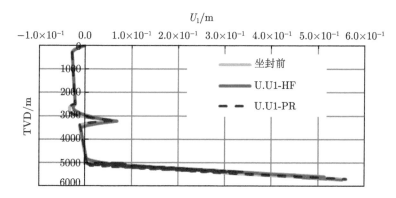

图 4.44 压裂阶段和试油阶段沿油管柱全长各点的横向位移 U_1 的分布曲线

2. 压裂阶段管柱的应力分量数值解

图 4.45 给出了压裂时管柱截面 9 个应力点上的等效应力 S_{Mises} 沿管柱全长的分布，其最大值为 372MPa (TVD 位置：井口)。根据表 4.4 中的初始屈服强度值 758MPa，压裂改造时管柱应力处于弹性应力状态。此时的静强度安全系数 N_s 为

$$N_{\mathrm{s}} = 758/372 = 2.04，危险截面位于井口$$

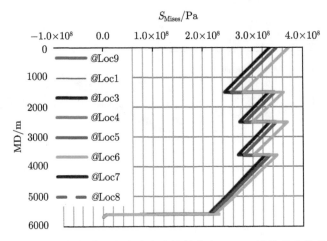

图 4.45　压裂时管柱截面各应力点上等效应力 S_{Mises} 沿管柱全长的分布

图 4.46 给出了压裂时管柱轴向力 S_{11} 沿管柱全长的分布。从图中可以看出，管柱轴向力没有振荡现象。

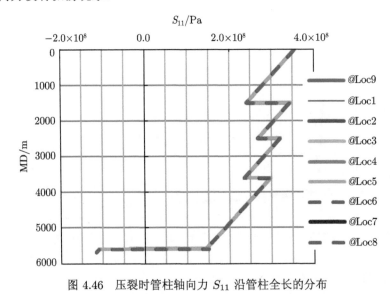

图 4.46　压裂时管柱轴向力 S_{11} 沿管柱全长的分布

3. 试油阶段管柱的应力分量数值解

图 4.47 给出了开井试油时管柱截面各应力点上等效应力 S_{Mises} 沿管柱全长的分布。得到的等效应力最大值为 289MPa (TVD 位置：井口)。根据表 4.4 中的

初始屈服强度值 758MPa，管柱应力处于弹性应力状态。此时的静强度安全系数 N_{s} 为

$$N_{\mathrm{s}} = 758/289 = 2.62，危险截面位于井口$$

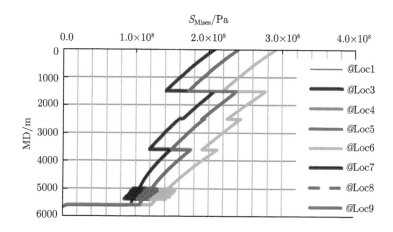

图 4.47　试油时管柱截面各应力点上等效应力 S_{Mises} 沿管柱全长的分布

从图 4.48 和 4.49 看出，在试油阶段的管柱底部，封隔器以上 400m 的范围内有弹性屈曲现象发生，有应力振荡现象发生。

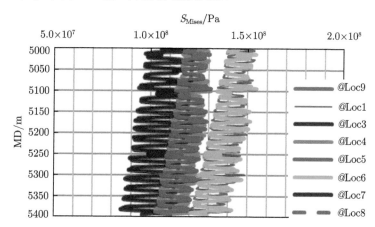

图 4.48　5000∼5400m：管柱截面各应力点上等效应力 S_{Mises} 的分布

图 4.50 给出了试油时管柱轴向力 S_{11} 沿管柱全长的分布。图 4.51 为 S_{11} 沿管柱全长的分布在深度 MD 为 5000∼5400m 的局部放大图。由于弹性屈曲行为的发生，在 5095m 处的轴向应力振荡值幅度的值为 $\sigma_{\mathrm{a}} = 90 - 51.85 = 38.15(\mathrm{MPa})$，平均应力 $\sigma_{\mathrm{m}} = 51.85\mathrm{MPa}$。

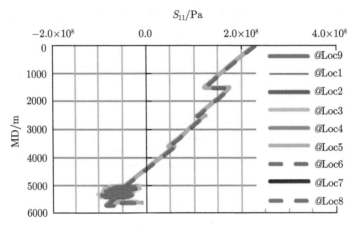

图 4.49　试油时管柱轴向力 S_{11} 沿管柱全长的分布

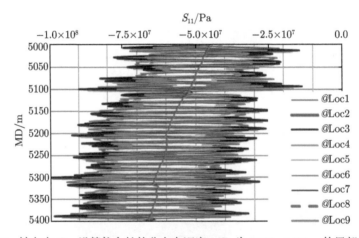

图 4.50　轴向力 S_{11} 沿管柱全长的分布在深度 MD 为 5000~5400m 的局部放大图

4.5.4　小结

根据上述有限元管柱力学分析结果，得出下述结论。

(1) 在压裂改造阶段，管柱各点的 S_{Mises} 等效应力最大值为 372MPa，管柱的静强度安全系数 N_{s} 在压裂阶段为 2.04。危险截面位置在井口。轴向应力 S_{11} 的分布沿管柱全长没有振荡现象。压裂改造阶段管柱安全，无破坏风险。

(2) 在试油阶段，管柱各点的 S_{Mises} 等效应力最大值为 289MPa，管柱的静强度安全系数 N_{s} 在试油阶段为 2.62。危险截面位置为井口。轴向应力在深度 5000~5400m 处有振荡现象。

(3) 由于发现有应力振荡，建议在深度 5095m 位置上，附近 20m 的管柱采用更高一级的耐腐蚀、高强度合金钢。

第 5 章 单封隔器管柱的有限元分析及封隔器完整性校核

5.1 问题描述

ZQ-102 井的管柱是用于完井–改造–试油一体化工程的单封隔器管柱。

本章对包括压裂改造、试油、坐封前、低挤砂堵等阶段和不同工况的管柱的力学行为进行三维有限元数值分析,得出管柱各处轴向力的数值解以及环空压差载荷。在此基础上计算封隔器的安全系数。下面的内容包括:5.2 节有限元模型;5.3 节管柱轴向力的有限元分析结果;5.4 节封隔器信封曲线校核计算;5.5 节结论。

5.2 有限元模型

本节介绍管柱有限元分析中的结构模型、材料模型、边界条件和载荷条件等。分析中,管柱的有限元模型是基于商业软件 ABAQUS 来建立的。

5.2.1 结构模型

表 5.1 给出了管柱结构中套管和油管的几何参数。图 5.1 给出了管柱结构图。

表 5.1 套管和油管参数取值表

下深度/m	套管最内层			下深/m	油管			间隙/mm	备注
	外径/mm	壁厚/mm	内径/mm		外径/mm	壁厚/mm	内径/mm		
0	196.85	12.7	171.45	0	114.3	12.7	88.9	28.575	
1000	196.85	12.7	171.45	1000	114.3	12.7	88.9	28.575	
2300	196.85	12.7	171.45	2300	114.3	9.65	95	28.575	
3900	196.85	12.7	171.45	3900	114.3	8.56	97.18	28.575	
5458	196.85	12.7	171.45	5458	88.9	9.52	69.86	41.275	
5773	139.7	12.09	115.52	6100	88.9	7.34	74.22	13.31	
5800	139.7	12.09	115.52	6100	73.02	7.01	59	21.25	
6000	139.7	12.09	115.52	6130	73.02	7.01	59	21.25	THT 液压封隔器位置
6224	139.7	12.09	115.52	6224	73.02	7.01	59	21.25	完井液 1.2g/cm³

闭合距随深度的变化如图 5.2 所示。在模型中考虑了闭合距的偏离值。

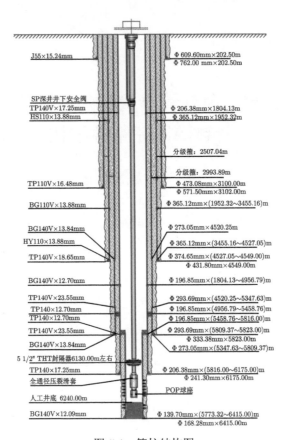

图 5.1　管柱结构图

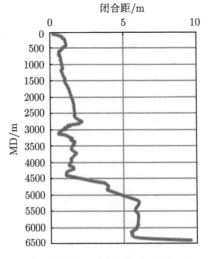

图 5.2　闭合距随深度的变化分布曲线

图 5.3 为三维有限元管柱模型图。管柱全长 6224m，封隔器位于深度 TVD = 6130m 的位置。图中的管柱截面上最多可以有 24 个应力点，本节分析中为了提高效率，仅选取 9 个有代表性的应力点来输出应力并进行分析。

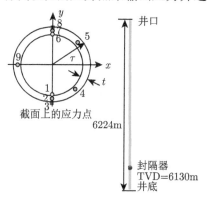

图 5.3　三维有限元管柱模型图

5.2.2　网格划分

油管管柱全长采用了 4453 个节点、2226 个 PIPE32H 二次管单元。油管和套管之间设置了 4153 个接触单元，用于模拟油管–套管之间可能的接触摩擦。摩擦系数取为 0.3。

5.2.3　材料模型

该套管钢级为 BT-S13Cr110，有限元模型中材料为弹塑性模型，其参数取值见表 5.2。

表 5.2　材料弹塑性模型参数取值

屈服强度		抗拉强度		弹性性能	
最大	最小	最大	最小	杨氏模量	泊松比
125000psi (862MPa)	110000psi (758MPa)	—	120000psi (828MPa)	31290ksi (215700MPa)	0.3
130000psi (896MPa)	109000psi (750MPa)	—	129000psi (890MPa)	31290ksi (215700MPa)	0.3

注：热膨胀系数取值为：$1.05 \times 10^{-5}°C^{-1}$。

5.2.4　边界条件

管柱模型为井口位移约束以及封隔器处位移约束。其他地方为力边界。

5.2.5　载荷条件

管柱模型受力为重力、内外压力、温度变化引起的应力以及浮力。THT 液压封隔器的局部作用力在整体管柱模型中忽略不计。

　　图 5.4 各曲线分别给出了模型中用到的坐封前、压裂时、试油阶段共三个不同的施工阶段中的油管内压力参数取值。图 5.5 各曲线给出了外压/套压分布情况。表 5.3 给出了地层温度和地层压力参数取值。表 5.4 给出了各个阶段的井口油压和套压的值。

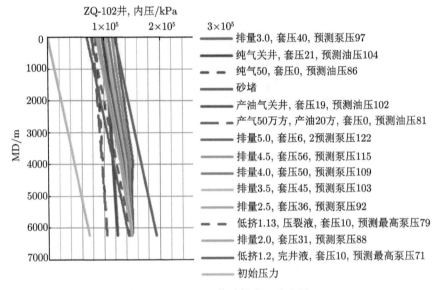

图 5.4　ZQ-102 井油管内压分布图

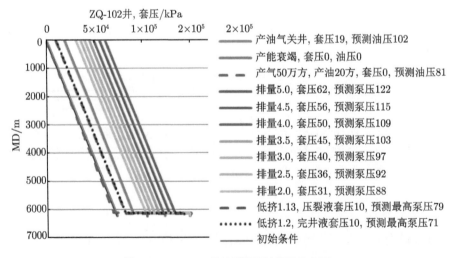

图 5.5　ZQ-102 井油管外压/套压分布图

　　图 5.6 给出了坐封前、改造时及试油时管柱中的温度分布曲线用。改造压裂时和开井试油时的压力曲线按近似分段直线分布。

表 5.3 地层温度和地层压力参数

作业井段/m	6191.00~6224.00	
目的层中深/m	6207.50	
地层压力系数	1.99	
压井液密度/(g/cm³)	2.05	
井口温度/℃	5	当地实际地面温度
地层温度/℃	151.35	
环空保护液密度/(g/cm³)	1.20	甲酸钾溶液
改造液密度/(g/cm³)	1.13	压裂液 (加重)

表 5.4 各个阶段的井口油压和套压的值

		井口	井底	油套-套管压差/MPa
压裂时	套	62	143	
	油	122	151	+8
生产时	套	0	72	
	油	81	105	+33
低挤砂堵时	套	10	82	
	油	116	194	+112

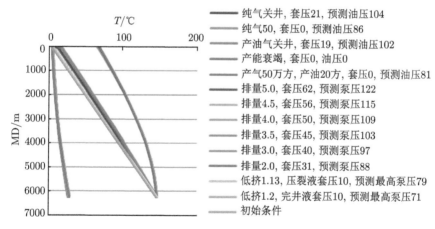

图 5.6 坐封前、改造时和试油时管柱中的温度分布曲线

5.3 管柱轴向力的有限元分析结果

图 5.7 和图 5.8 给出了试油阶段的轴向力的管柱力学有限元分析结果。这里只关心轴向力分布以及封隔器的受力。

图 5.9 和图 5.10 给出了压裂阶段和试油阶段的轴向力的管柱力学有限元分析结果。图 5.11 和图 5.12 给出了坐封前阶段轴向力的管柱力学有限元分析结果及其与压裂和试油两个工况下的轴向力分布数值解的比较。

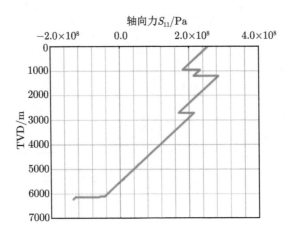

图 5.7　试油阶段管柱轴向力 S_{11} 沿管柱全长的分布

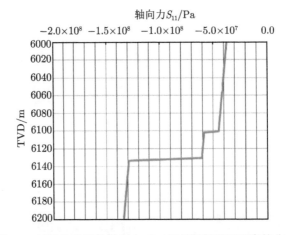

图 5.8　试油阶段管柱轴向力 S_{11} 沿封隔器附近深度的分布

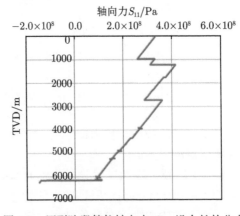

图 5.9　压裂阶段管柱轴向力 S_{11} 沿全长的分布

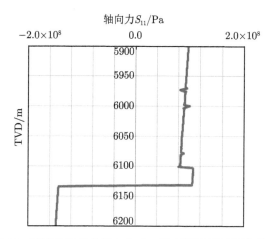

图 5.10 试油阶段管柱轴向力 S_{11} 沿封隔器附近深度的分布

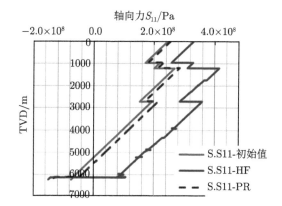

图 5.11 坐封前、压裂、试油三种工况下轴向力 S_{11} 沿全长的分布

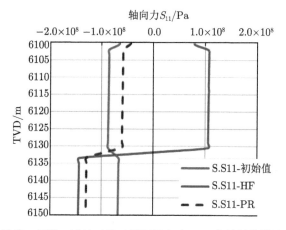

图 5.12 坐封前、压裂、试油三种工况下轴向力 S_{11} 在封隔器附近深度的分布

5.4 封隔器信封曲线校核计算

图 5.13 为厂家给出的 5.5in THT 封隔器的信封曲线。

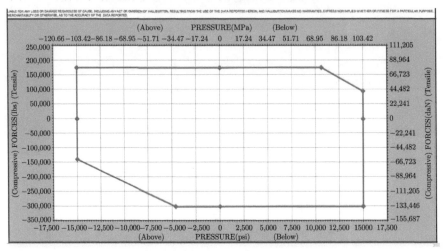

图 5.13 5.5in THT 封隔器的信封曲线

这里，我们根据封隔器材料及结构尺寸计算得到的轴向力最大承载极限值为 1481255.4N。以此评价这个信封曲线的安全系数，可以得到：Y 轴正向安全系数为 1481255.4/770000=1.92，Y 轴负向安全系数为 1481255.4/1330000=1.11。

下面我们根据轴向力数值解和环空压差载荷值来评价封隔器的强度状态。

(1) 对应压裂及试油两个阶段的不同工况，这里选最大载荷值即最危险情况进行封隔器的校核。

表 5.5 给出了压裂和试油工况下封隔器所受的轴向力载荷和压差载荷的数值，并且经过信封曲线的强度校核。所得结论为：这两种工况下封隔器安全。

表 5.5 压裂和试油工况下封隔器强度校核结论

	数值解/MPa		数值解/N		信封曲线极限值
	压裂	试油	压裂	试油	
轴向力	上 106/下 −144	上 −60.8/下 −105	199355.896/−270823.104	−114347.5/−197475.18	770000N
压差载荷	8	33			±103MPa
与极限载荷比	7.8%	32%	13%，18%	7%，13%	
芯轴穿压孔处的横截面积	0.0017187	3.5in 的油管接头截面积	0.001880716		
结论			安全		

注：表格中的"上"代表封隔器上面的管柱轴向力数值解；"下"代表封隔器下面的管柱轴向力数值解。

表 5.6 给出了低挤砂堵和坐封前工况下封隔器所受的轴向力载荷和压差载荷的数值，并且经过信封曲线的强度校核。低挤砂堵时，压差载荷向上，轴向压力载荷也向上，两者相加达到 60%＋24%＝84%，安全系数 ＝1.19，很低，失效风险大。

表 5.6　低挤砂堵和坐封前工况下封隔器强度校核结论

	数值解/MPa		数值解/N		信封曲线
	低挤砂堵	坐封前	低挤砂堵	坐封前	极限值
轴向力	上 106/下 −190	−66	199355.9/−357336	−124127.3	770000N
压差载荷	61	0			±103MPa
与极限载荷比	60%	0%	25.8%/46%	16%	
芯轴截面积	0.0017187	油管接头截面积	0.001880716		
结论		安全系数 ＝1.19，工况不够安全			

(2) 低挤砂堵载荷参数分析。

低挤砂堵时，压差载荷向上，轴向压力载荷也向上，在强度校核信封曲线上，按右上角的斜线部分定义的载荷极限校核。

当保持泵压极值 121MPa 不变时，建议油管–套管压差尽量在 50MPa 以内，使油管–套管压差载荷系数小于 50%，保证总的载荷系数为 50%＋24%＝74%＜75%，安全系数为 1.33。

为使安全系数达到 1.5，最大载荷系数为 67%，最大压差载荷系数为 67%−24%＝43%，即封隔器处的最大压差应该小于 43MPa。

当泵压为 121MPa 时，井口的套压应该继续提高 61−43＝18(MPa)，达到 79MPa，方能满足安全系数 1.5 的要求。

5.5　结　　论

书组根据管柱设计参数建立了管柱全长的三维有限元模型，求解了管柱全长的轴向力分布。根据轴向力在封隔器上下的分析结果以及环空压差载荷的数值，得出下述结论。

(1) 封隔器在低挤砂堵工况下不安全，环空载荷太大，安全系数低，失效风险大。

(2) 封隔器在其他正常工况下处于信封曲线安全区内，是安全的。

(3) 为使安全系数达到 1.5，最大载荷系数为 67%，最大压差载荷系数为 67%−24%＝43%，即封隔器处的最大压差应该小于 43MPa。当泵压 121MPa 时，井口的套压应该继续提高 61−43＝18(MPa)，达到 79MPa，方能满足安全系数 1.5 的要求。

第 6 章 双封隔器管柱的有限元分析 及封隔器完整性校核

6.1 问题描述

BZ-22 井的管柱是用于完井–改造–试油一体化工程的双封隔器管柱。

本章对包括坐封前、压裂改造、砂堵、试油等阶段和不同工况的管柱的力学行为进行三维有限元数值分析,得出管柱各处轴向力的数值解以及环空压差载荷。在此基础上计算上下两个封隔器的强度评价。下面的内容包括:6.2 节有限元模型;6.3 节管柱全长力学行为分析数值结果;6.4 节伸缩管以下管柱的力学行为数值结果;6.5 节管柱轴向应力总结;6.6 节封隔器信封曲线校核计算;6.7 节结论。

6.2 有限元模型

本节介绍管柱有限元分析中的结构模型、材料模型、边界条件和载荷条件等。分析中,管柱的有限元模型是基于商业软件 ABAQUS 来建立的。

6.2.1 结构模型

表 6.1 给出了管柱结构中套管和油管的几何参数。图 6.1 给出了管柱结构图。

表 6.1 套管和油管参数取值表

下深度/m	套管最内层			下深/m	油管			间隙/mm	备注
	外径/mm	壁厚/mm	内径/mm		外径/mm	壁厚/mm	内径/mm		
0	177.8	12.65	152.5	0	114.3	12.7	88.9	31.8	
3152	177.8	12.65	152.5	1000	114.3	12.7	88.9	31.8	
5539	177.8	12.65	152.5	1900	114.3	9.65	95	28.75	
5539	177.8	12.65	152.5	4000	114.3	8.56	97.18	27.66	
5800	177.8	12.65	152.5	5800	88.9	7.34	74.22	39.14	THT 液压封隔器位置
5840	177.8	12.65	152.5	5820	88.9	7.34	74.22	39.14	
5840	177.8	12.65	152.5	5840	73.02	7.01	59	46.75	
5840	127	9.5	108	5840	73.02	7.01	59	24.5	
6340	127	9.5	108	6340	73.02	7.01	59	24.5	THT 液压封隔器位置
6550	127	9.5	108	6440	73.02	7.01	59	24.5	保护液 1.2g/cm³

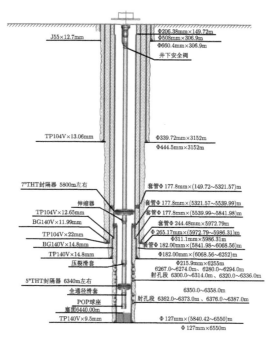

图 6.1　管柱结构图

　　闭合距随深度的变化如图 6.2 所示。在模型中考虑了闭合距的偏离值。表 6.2 为材料弹塑性模型参数取值。

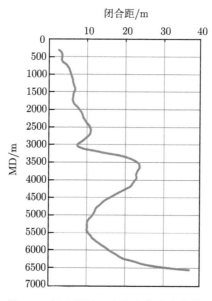

图 6.2　闭合距随深度的变化分布曲线

表 6.2　材料弹塑性模型参数取值

屈服强度		抗拉强度		弹性性能	
最大	最小	最大	最小	杨氏模量	泊松比
125000psi (862MPa)	110000psi (758MPa)		120000psi (828MPa)	31290ksi (215700MPa)	0.3
130000psi (896MPa)	109000psi (750MPa)		129000psi (890MPa)	31290ksi (215700MPa)	0.3

注：热膨胀系数取值为：9×10^{-6}℃$^{-1}$。

如图 6.3 所示，全长尺寸及选取的管截面上的应力点分布示意。

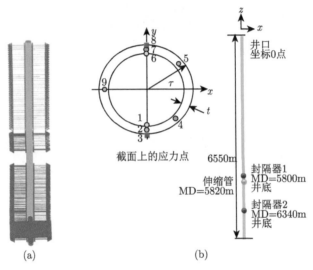

图 6.3　三维有限元管柱模型图

如图 6.3 中间图所示，在管柱横截面上总共选取了 9 个应力点进行分析。图 6.3(a) 显示了管的内压及外压作用的位置示意。图 6.3(b) 显示了两个封隔器分别位于 MD = 5800m 和 6340m 的位置上，伸缩管位于 MD = 5820m 的位置上。

6.2.2　网格划分

套管的离散采用了 2183 个 PIPE32H 二次管单元，4367 个节点。油管的离散采用了 2147 个 PIPE32H 二次管单元，4295 个节点。套管和油管之间设置了 ITT32 接触单元，总共有 4295 个。

6.2.3　材料模型

该套管钢级为 BT-S13Cr110，有限元模型中材料为弹塑性模型，其参数取值见表 6.2。

6.2.4　边界条件

管柱模型为井口位移约束以及封隔器处位移约束。其他地方为力边界。

6.2.5 载荷条件

管柱模型受力为重力、内外压力、温度变化引起的应力以及浮力。THT 液压封隔器的局部作用力在整体管柱模型中忽略不计。

图 6.4 各曲线分别给出了模型中用到的压裂、试油不同的施工阶段中的油管压力和套压参数取值。

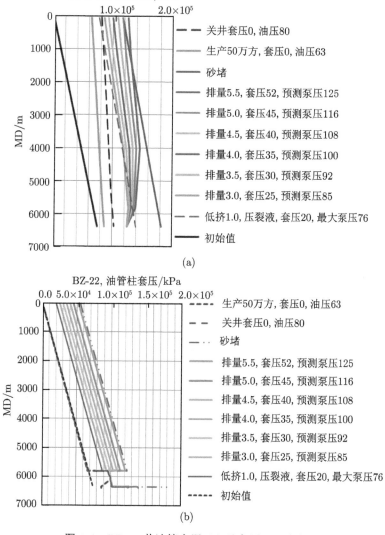

图 6.4 BZ-22 井油管内压 (a) 及套压 (b) 分布图

图 6.5 给出了典型工况的内/外压曲线。

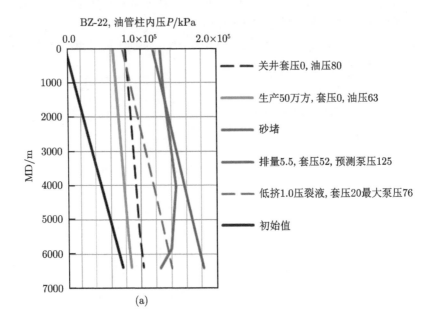

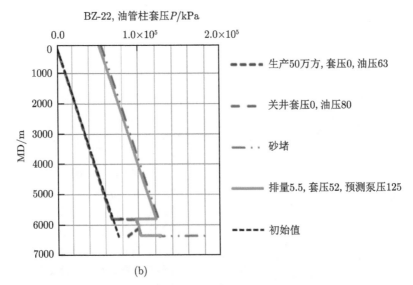

图 6.5　BZ-22 井典型工况内/外压曲线:(a) 内压及 (b) 套压

表 6.3 给出了温度和地层孔隙压力参数取值。表 6.4 给出了各个阶段的井口油压和套压的值。

表 6.3 温度和地层孔隙压力参数

作业井段/m	6267~6387	
目的层中深/m	6327	
地层压力系数	1.65	
压井液密度/(g/cm³)	1.80~1.90	
井口温度/℃	5	当地实际地面温度
地层温度/℃	130	
环空保护液密度/(g/cm³)	1.20	甲酸钾溶液
改造液密度/(g/cm³)	1.0	压裂液

表 6.4 各个阶段的井口油压和套压的值

		井口	TVD=4000m	封隔器1上 TVD=5800m	封隔器1下 TVD=5800m	封隔器2上 TVD=6340m	封隔器2下 TVD=6340m	井底 TVD=6440m
压裂时流量5.5	套压/MPa	52	99.04	120.21	102.05	102.05	126	125
	油压/MPa	125.4	146	139	139	126	126	125
砂堵	套压/MPa	55	102.04	123.21	102.05	102.05	182	182
	油压/MPa	116	157.5	176.3	176.3	182	182	182
生产50万方	套压/MPa	0	47.04	68.21	102.05	102.05	103	103
	油压/MPa	63.4	77.5	84.3	84.3	103	103	103

图 6.6 给出了坐封前、改造时及试油时管柱中的温度分布曲线。改造压裂时和开井试油时的压力曲线按近似分段直线分布。

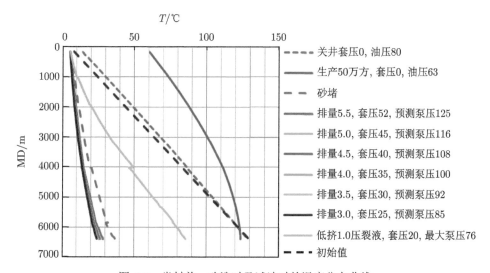

图 6.6 坐封前、改造时及试油时的温度分布曲线

6.2.6　带有伸缩管的管柱系统的管柱力学行为分析的流程

如图 6.7 所示，这个流程包括下述步骤。

(1) 按没有伸缩管分析各工况的管柱轴向应力。

(2) 计算伸缩管内筒顶面液体压力/截面应力。

(3) 分析伸缩管的张开状态。对于闭合的伸缩管，按没有伸缩管分析得到的结果可用；对于伸缩管张开的管柱，需要单独分析伸缩管上、下两边的管柱。

(4) 在自重和液压作用下伸缩管下部的管柱的轴向载荷比伸缩管上面的管柱的轴向力更大，本次只分析伸缩管下部的管柱的力学行为。

当伸缩管张开时，在伸缩管位置上以 P_i 为面力边界条件，管柱在伸缩管上、下两部分各自独立计算。

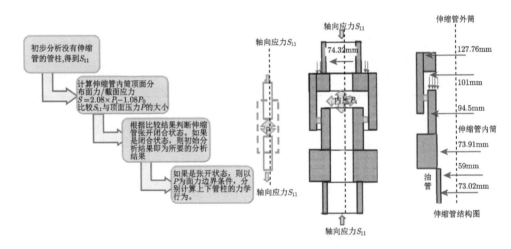

图 6.7　带有伸缩管的管柱系统的管柱力学行为分析的流程图

伸缩管外筒外径 127.76mm，内径 101mm；内筒外径 94.5mm，内径 73.91mm；下接油管外径 73.02mm，内径 59mm；上接油管外径 88.9mm，内径 74.32mm。

对于内筒/下筒：

(1) 其承受内压 P_i 的净面积 A_i 为外直径 94.5mm、内直径 59mm 的环形面积，$A_i = 0.004279\text{m}^2$。方向往下。

(2) 它承受外压 P_o 的净面积 A_o 为外径 94.5mm、内径 73.02mm 的环形，$A_o = 0.002826\text{m}^2$。方向往上。

(3) 密封环的外径 101mm、内径 94.5mm，承受 P_i 和 P_o，承压面积为 A_3。$A_3 = 0.000998\text{m}^2$。方向往下。

(4) 下管柱截面积 $A = 0.001454\text{m}^2$。

$$F\ 内筒 = A_i \times P_i - A_o \times P_o + A_3 \times (P_i - P_o)$$

$$= P_i \times (A_i + A_3) - P_o \times (A_3 + A_o)$$

$$= 343368.55\text{N}$$

把 F 内筒转换成管柱内筒顶面的分布面力/应力形式，得

$$S\ 内筒 = F\ 内筒/A = P_i \times (A_i + A_3)/A - P_o \times (A_3 + A_o)/A$$

$$= 3.63 \times P_i - 2.63 \times P_o = 236.2\text{MPa (压应力)}$$

对于外筒/上筒:

(1) 其承受内压 P_i 的净面积 A_i 为外直径 101mm、内直径 74.32mm 的环形面积，$A_i = 0.003674\text{m}^2$。方向往上。

(2) 它承受外压 P_o 的净面积 A_o 为外径 101mm、内径 88.9mm 的环形，$A_o = 0.001805\text{m}^2$。方向往下。

(3) 密封环的承压与它无关。

(4) 上管柱截面积 $A = 0.001869\text{m}^2$。

(5) $P_i = 169\text{MPa}$，$P_o = 102\text{MPa}$。

$$F\ 外筒 = A_i \times P_i - A_o \times P_o = 436.796\text{kN}$$

$$S\ 上管柱 = F\ 外筒/A = 233.705\text{MPa}$$

6.3 管柱全长力学行为分析数值结果

图 6.8 和图 6.9 给出了坐封前阶段的轴向应力 S_{11} 及三轴等效应力 S_{Mises} 沿全长的分布。

本阶段最大轴向应力发生在井口位置，其值为 279MPa，拉应力。最大三轴等效应力及最大轴向应力都发生在井口，其值为 279MPa。深度 5820m 处的轴向应力为 -22MPa，压应力。此处的油管液体压力为 68.5MPa。液体压力大于轴向应力，伸缩管处于张开状态。其最小屈服应力 $= 750$MPa。计算得到此时三轴等效应力安全系数为 2.69。

图 6.10 和图 6.11 给出了酸压排量 5.5 时管柱轴向应力 S_{11} 沿全长的分布及其在封隔器附近深度的分布值。轴向应力最大值为 368MPa，为拉应力，发生在井口。

在两个封隔器之间，最大轴向应力值为 345MPa，发生在上封隔器所在的 5800m 处。由于伸缩管处于张开状态，在深度 5800~6340m 的拉伸应力将另行计算。

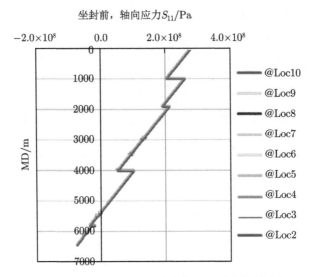

图 6.8　坐封前阶段管柱轴向力 S_{11} 沿全长的分布

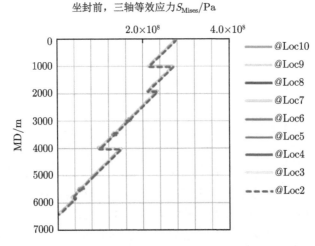

图 6.9　坐封前管柱三轴等效应力 S_{Mises} 沿全长的分布

图 6.12 给出了酸压排量 5.5 时管柱中三轴等效应力的分布情况。最大值为562MPa，发生在 4000m 深度处。

(1) 三轴等效应力安全系数将为 1.33，小于 1.6，安全系数不足。

(2) 由于伸缩管处于张开状态，在深度 5800~6340m 的三轴等效应力将另行计算。

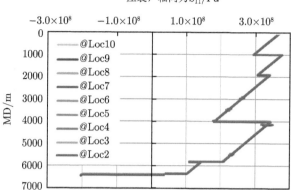

图 6.10 酸压排量 5.5 时管柱轴向力 S_{11} 沿全长的分布

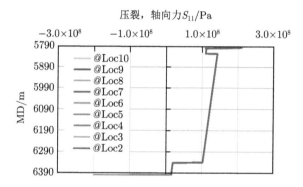

图 6.11 酸压排量 5.5 时管柱轴向力 S_{11} 沿封隔器附近深度的分布

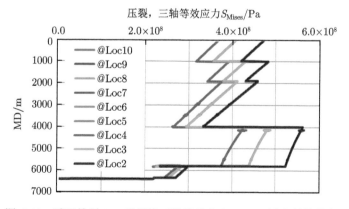

图 6.12 酸压排量 5.5 时管柱三轴等效应力 S_{Mises} 沿全长的分布

　　图 6.13 和图 6.14 给出了压裂阶段–砂堵阶段的管柱力学有限元分析结果: 轴向应力 S_{11} 沿全长及其在封隔器深度附近的分布。

　　(1) 轴向应力最大值为 383MPa，拉应力，位置在深度 1000m 处。

　　(2) 由于伸缩管的张开行为，在深度 5800~6340m 的三轴等效应力将另行计算。

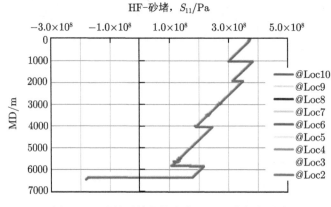

图 6.13　砂堵时管柱轴向力 S_{11} 沿全长的分布

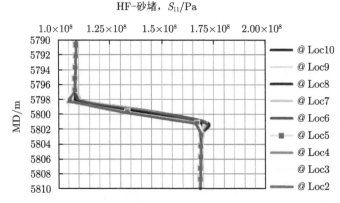

图 6.14　砂堵时管柱轴向力 S_{11} 在封隔器附近深度段的分布

　　压裂阶段–砂堵阶段的管柱力学有限元分析结果如图 6.15 所示: 管柱三轴等效应力的分布情况。最大值为 468MPa，发生在 1000m 深度处。

　　(1) 三轴等效应力安全系数将为 1.60。与流量 5.5 压裂工况相比，砂堵时的流量很小，相应的温度变化小，进一步的温度应力小，从而其管柱的三轴等效应力安全系数大于前者的 1.33。

(2) 由于伸缩管的张开行为，在深度 5800~6340m 的三轴等效应力将另行计算。

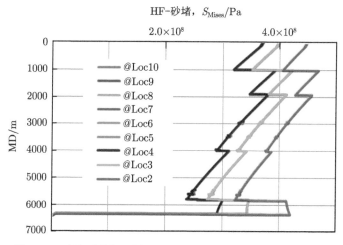

图 6.15　砂堵时管柱三轴等效应力 S_{Mises} 沿管柱全长的分布

图 6.16 和图 6.17 给出了试油阶段的轴向应力的管柱力学有限元分析结果: 轴向应力 S_{11} 沿全长及其在封隔器深度附近的分布。

(1) 轴向应力最大值为 325MPa，发生在井口处。封隔器 1 (深度 5800m) 处的轴向应力为 −278MPa，压应力。

(2) 此时伸缩管是闭合的，管柱的力学行为相当于没有伸缩管。

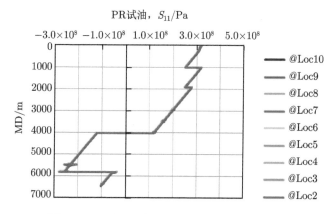

图 6.16　试油时管柱轴向力 S_{11} 沿全长的分布

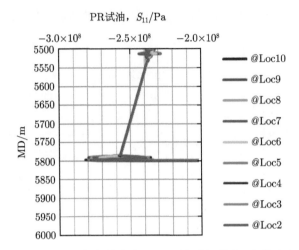

图 6.17　试油时管柱轴向力 S_{11} 沿封隔器附近深度的分布

图 6.18 给出了试油阶段的三轴等效应力 S_{Mises} 的分析结果。其最大值为 445MPa，发生在深度 100m 处，为管柱截面尺寸变化的地方。

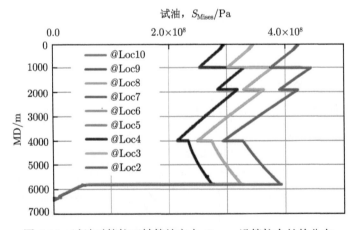

图 6.18　试油时管柱三轴等效应力 S_{Mises} 沿管柱全长的分布

综合以上，可以得到管柱系统的三轴等效应力安全系数值为 1.68。

6.4　伸缩管以下管柱的力学行为数值结果

伸缩管以下的管柱模型如图 6.19 所示，全长 740m。其他几何及网格因素和全尺寸模型相同。

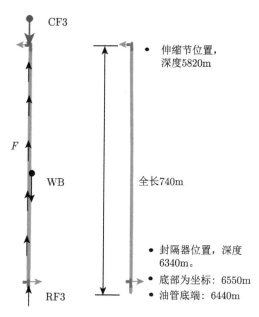

图 6.19 伸缩管以下的管柱模型

模型总共采用了 450 个 PIPE32H 二次管单元、904 个节点。其中套管采用了 243 个单元、487 个节点；油管采用了 207 个单元、415 个节点。采用了 487 个接触单元模拟油管–套管间的摩擦接触。

模型材料参数：与全长模型的材料参数相同。这里省略相关描述。

载荷：油管所受载荷包括自重 WB；顶部为加载端，承受由内部压力转换得到的集中力载荷 CF3 = 343.368kN；以及油管–套管流体压力。图中 F 是接触摩擦力，在计算过程中属于内部作用力。RF3 是支反力，计算中给出。

边界条件：封隔器处为 0 位移约束。

6.4.1 伸缩管以下管柱的力学行为数值结果：原设计

计算过程中，模型表现出明显的屈曲变形特征。图 6.20 为顶端加载 14kN 以及自重载荷作用下结构的变形情况：结构从顶部一直到封隔器 2 的位置，全部进入屈曲状态。这时的 14kN 顶部载荷仅为预设压裂 5.5 排量的 70kN 的 1/5。这表明原设计的结构刚度明显不足。在距顶部约 20m 以内的管段，因为油管–套管间隙为 39mm，这里的侧向位移比间隙为 24mm 的地方要大。这个管段上的轴向应力明显大于 5840m 深度以下管段的应力。由于结构呈现明显的刚度不足，加之在计算过程中遇到严重的数值收敛问题，对这个工况就没有进行进一步的计算。图 6.21 为轴向应力分布图。

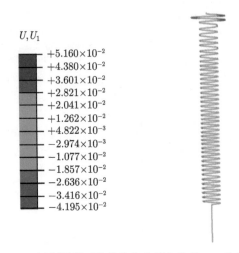

U,U_1

	$+5.160\times10^{-2}$
	$+4.380\times10^{-2}$
	$+3.601\times10^{-2}$
	$+2.821\times10^{-2}$
	$+2.041\times10^{-2}$
	$+1.262\times10^{-2}$
	$+4.822\times10^{-3}$
	-2.974×10^{-3}
	-1.077×10^{-2}
	-1.857×10^{-2}
	-2.636×10^{-2}
	-3.416×10^{-2}
	-4.195×10^{-2}

图 6.20　压裂阶段下部管柱各点侧向位移 U_1 分布

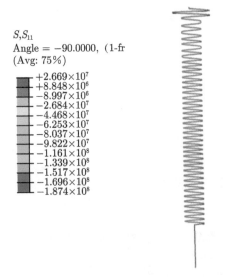

S,S_{11}
Angle $= -90.0000$, (1-fr
(Avg: 75%)

	$+2.669\times10^{7}$
	$+8.848\times10^{6}$
	-8.997×10^{6}
	-2.684×10^{7}
	-4.468×10^{7}
	-6.253×10^{7}
	-8.037×10^{7}
	-9.822×10^{7}
	-1.161×10^{8}
	-1.339×10^{8}
	-1.517×10^{8}
	-1.696×10^{8}
	-1.874×10^{8}

图 6.21　压裂阶段下部管柱各点轴向应力分布

图 6.22 中可以看出：在深度 5840m 以上约 20m 的管段上，油管–套管间隙为 39mm，这个深度段上的管柱轴向应力幅度最大值为 −243MPa。在 5840m 深度以下的管段油管–套管间隙为 24mm，轴向应力幅度最大值为 −163MPa。上部间隙大的地方的管柱轴向应力幅值明显大于间隙小的管柱的应力。图 6.23 为靠近 5820m 伸缩管中心位置轴向应力 S_{11} 分布。

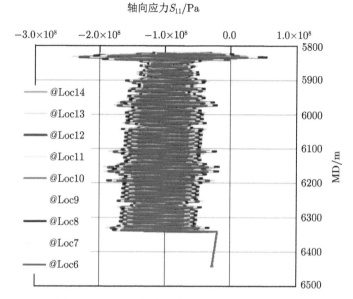

图 6.22　整个下部管柱全长轴向应力 S_{11} 分布

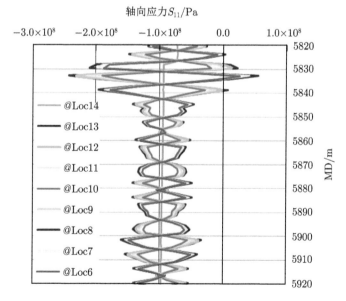

图 6.23　靠近 5820m 伸缩管中心位置轴向应力 S_{11} 分布

6.4.2　伸缩管以下管柱的力学行为数值结果：减小间隙

为了减小屈曲变形引起的弯曲应力，减小了深度 5820~5840m 上的油管–套管间隙。图 6.24 中可以看出：在深度 5840m 以上约 20m 的管段，因为油管–套管间隙从 39mm 减小到与其他管段相同的 24mm，所以失稳屈曲后的侧向位移也与其他管段相同。数值计算稳定性明显改善。图 6.24 为这个工况下的结构变形/侧向位移 U_1 的分布图。图中可以看出：结构刚度依然不足，模型全长进入屈曲状态。

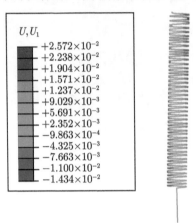

图 6.24　压裂阶段下部管柱各点侧向位移 U_1 分布

从图 6.25 中可以看出：模型全长进入屈曲状态后，管柱截面上 9 个应力点上的轴向应力因为弯曲引起的应力幅值波动很明显：变动幅值最大达到 80MPa。轴向应力幅值最大为 -374MPa。与封隔器 2 相连的地方的平均轴向应力为 -270MPa。平均轴向应力自上而下有减小的趋势，这是因为屈曲引起的接触摩擦力抵消了一部分来自模型顶端的载荷。图 6.26 为靠近 6340m 封隔器 2 位置的轴向应力 S_{11}分布。

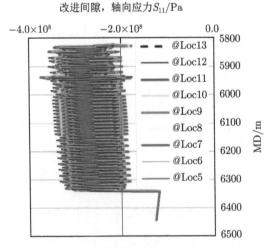

图 6.25　整个下部管柱全长轴向应力 S_{11} 分布

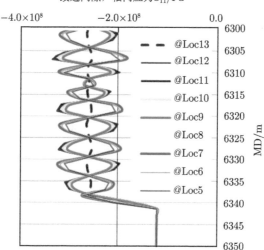

图 6.26 靠近 6340m 封隔器 2 位置的轴向应力 S_{11} 分布

虽然应力在弹性范围内，但是应力波动幅值大，管柱具有较大的疲劳断裂风险。

从图 6.27 中可以看出：模型全长进入屈曲状态后，管柱截面上 9 个应力点上的轴向应力因为弯曲引起的轴向应力幅值波动明显，导致三轴等效应力的波动也很大：其最大达到 348MPa，发生在封隔器 2 位置以上的深度点上。最小为 167MPa，位置靠近顶部。

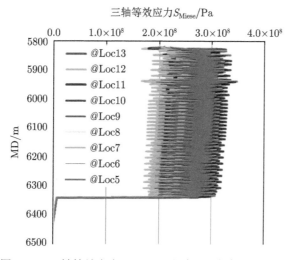

图 6.27 三轴等效应力 S_{Mises} 沿整个下部管柱全长分布

综合以上结果，经过分析得到三轴等效应力安全系数为 2.15。虽然应力值在弹性范围内，但是应力波动幅值大，管柱具有较大的疲劳断裂风险。

6.5 管柱轴向应力总结

为了方便后面的封隔器强度校核，表 6.5 给出了压裂、砂堵和试油时的封隔器所受轴向应力载荷。

表 6.5 压裂、砂堵和试油时的封隔器所受轴向应力载荷

	封隔器 1 上 TVD = 5800m	封隔器 1 下 TVD = 5800m	封隔器 2 上 TVD = 6340m	封隔器 2 下 TVD = 6340m
压裂时流量 5.5 轴向应力/MPa	208/平均值/拉伸	−176/平均值/压缩	−270/平均值/压缩	−121/压缩
砂堵时轴向 应力/MPa	100/平均值/拉伸	−221/平均值/压缩	−298/平均值/压缩	−175/压缩
生产 50 万方时 轴向应力/MPa	−258	−42.7	−100	−100

6.6 封隔器信封曲线校核计算

6.6.1 对 7in 封隔器的信封曲线校核计算

7in THT 封隔器的信封曲线如图 6.28 所示。在根据封隔器受到的轴向力载荷和环空压力载荷并结合图 5.13 进行计算时，选最大载荷值进行校核。

表 6.6 给出了压裂排量 5.5 和试油 50 万方两种工况下 7in 封隔器 1 所受的轴向力载荷和压差载荷的数值，并且经过信封曲线的强度校核。所得结论为：这两种工况下封隔器安全系数都大于 1，安全。安全系数最小值为 1.04，发生在试油 50 万方工况下。

因为封隔器 2 的存在，砂堵不影响封隔器 1 承受的压差载荷。砂堵时的压力曲线和温度曲线与压裂排量 5.5 工况相近，因此，砂堵工况下，封隔器 1 的强度校核同压裂排量 5.5 工况。

表 6.6 压裂排量 5.5 和试油 50 万方两种工况下 7in 封隔器 1 信封曲线的强度校核

7in THT 封隔器 1	压裂	试油	压裂	试油	信封曲线 极限值/下	信封曲线 极限值/上
轴向力/N		上 390990/下 −330838	上 484978/下 −80265	−691462	502873	
压差载荷/MPa	−18	33.84		−103	103	
载荷占强度%	0.175	0.329	0.7775134	0.964416		
安全系数	5.72	3.04	1.29	1.04		

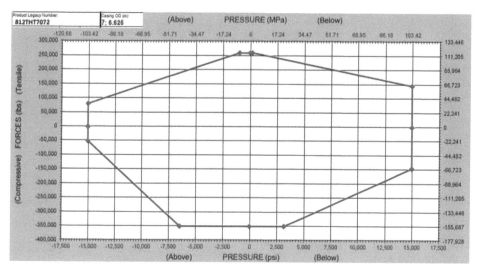

图 6.28　7in THT 封隔器的信封曲线

6.6.2　对 5.5in 封隔器的信封曲线校核计算

5.5in THT 封隔器的信封曲线如图 5.13 所示。在根据封隔器受到的轴向力载荷和环空压力载荷并结合图 5.13 进行计算时，选最大载荷值进行校核。

表 6.7 给出了压裂排量 5.5 和试油 50 万方两种工况下 5.5in 封隔器 2 所受的轴向力载荷和压差载荷的数值，并且经过信封曲线的强度校核。所得结论为：这两种工况下封隔器安全系数为 1.5。因为对应的轴向力均为压缩状态，信封曲线极限值只列出来压缩状态极限的参数值。

表 6.8 给出了砂堵工况下 5.5in 封隔器 2 所受的轴向力载荷和压差载荷的数值，并且经过信封曲线的强度校核。安全系数最小值为 1.28。所得结论为：这两种工况下封隔器安全系数偏小。

表 6.7　压裂排量 5.5 和试油 50 万方工况下 5.5in 封隔器 2 信封曲线的强度校核

	数值解		信封曲线极限值	最小安全系数
	压裂	试油		
轴向力/N	−392580	−145400	−592681.73	1.5
环空压差载荷/MPa	26	2	103	4

表 6.8　砂堵工况 5.5in 封隔器 2 信封曲线的强度校核

	数值解	信封曲线极限值	最小安全系数
轴向力/N	−433292	−592681.73	1.37
环空压差载荷/MPa	80	103	1.28
结论	砂堵工况封隔器 2 处的环空压差载荷和轴向力都比较大，安全系数最小值为 1.28		

6.7　结　　论

本章完成了对 BZ-22 井完井试油管柱进行管柱力学三维有限元计算分析任务。主要内容如下。

(1) 数值模拟坐封前、压裂排量 5.5 施工、压裂砂堵、试油 50 万方生产共 4 个工况下的管柱力学行为。给出了各个工况下管柱的轴向应力 S_{11} 和三轴等效应力 S_{Mises} 的分布情况。给出了压裂工况下的管柱屈曲变形情况。

(2) 针对压裂工况下伸缩管张开的情况，分别分析了管柱全长的变形和应力分布以及伸缩管以下的管柱变形及应力分布。

(3) 以管柱应力有限元数值解为基础,结合给定的强度信封曲线,对上部 5800m 处的 7in 封隔器 1 和 6340m 处的 5.5in 封隔器进行了强度校核验证。

分析结果表明。

(1) 上述工况下，管柱应力均处于安全范围内。只是在有些工况下强度裕度较小：酸压排量 5.5 时管柱中三轴等效应力最大值为 562MPa，发生在 4000m 深度处，三轴等效应力安全系数将为 1.33。

(2) 上述工况下，上、下两个封隔器的载荷均处于安全范围内。只是在有些工况下强度裕度较小：试油 50 万方生产工况下 7in 封隔器 1 的安全系数 1.04。压裂砂堵工况下 5.5in 封隔器 2 的安全系数为 1.28。

(3) 两个封隔器之间且在伸缩管以下管柱段在压裂排量 5.5 工况下全部进入屈曲变形。刚度明显不足，容易引起疲劳断裂以及/或者塑性变形。

建议增大 5800m 以下油管柱的直径来提高两个封隔器之间管段的刚度。